NOTICE

SUR LA

CONSTITUTION GÉOLOGIQUE

DU DÉPARTEMENT DU GARD

©

NOTICE

SUR LA

CONSTITUTION GÉOLOGIQUE

DE LA RÉGION SUPÉRIEURE OU CÉVENNIQUE

DU DÉPARTEMENT DU GARD

Par Émilien DUMAS

Lue à la Session extraordinaire de la Société Géologique d'Alais

Septembre 1846

SUIVIE

D'un Appendice présentant la série des Terrains des deux autres régions

(MOYENNE ET INFÉRIEURE)

Et d'un Tableau Synoptique de toutes les Formations du Gard.

MONTPELLIER

TYPOGRAPHIE DE BOEHM & FILS, IMPRIMEURS DE L'ACADÉMIE

Place de l'Observatoire

1872

NOTICE

Sur la Constitution géologique de la région supérieure ou Cévennique du département du Gard.

MESSIEURS,

Étudiant depuis plusieurs années la constitution géo-gnostique du département du Gard, dont j'ai déjà dressé en grande partie la Carte géologique, je viens vous prier de vouloir bien me permettre, avant de commencer nos explorations, de vous donner un aperçu aussi rapide que possible de la géologie générale de cette contrée, et no-tamment de la partie qui comprend les montagnes des Cévennes, qui sera bientôt l'objet de vos investigations.

J'ai cru devoir aussi, afin de vous familiariser à l'avance avec le faciès le plus habituel de nos terrains, mettre sous les yeux de la Société une suite des roches et des fossiles les plus caractéristiques de la contrée que nous allons explorer, et qui y jouent le rôle le plus important.

Le département du Gard, considéré dans son ensemble, peut se diviser topographiquement en trois grandes parties ou régions naturelles distinctes:

1° La *région supérieure* ou *Cévennique*, qui comprend la totalité de l'arrondissement du Vigan et la partie occi-

1

dentale de celui d'Alais, peut être limitée par une ligne à peu près droite passant par Ganges, Anduze, Alais, Saint-Ambroix et les Vans;

2° La *région moyenne*, composée de la partie orientale de l'arrondissement d'Alais et de la totalité de celui d'Uzès;

3° La *région basse* ou *maritime*, formée en entier par l'arrondissement de Nîmes.

Chacune de ces trois régions offre un aspect particulier, évidemment dû à la composition géologique du sol. La *région supérieure*, que nous nommons cévennique parce qu'elle comprend la plus grande partie des montagnes des Cévennes, et qui se subdivise ordinairement en *hautes* et *basses Cévennes*, est formée dans les parties les plus élevées par les terrains les plus anciens, le *terrain talqueux* et le *terrain granitique*; tandis que les basses Cévennes sont constituées par le *terrain houiller*, le *trias*, le *lias*, et les étages inférieur et moyen du *système oolitique*.

La *région moyenne* est constituée presque en entier par la formation *néocomienne*, par les *argiles aptiennes*, le *gault* ou grès vert inférieur et la *craie chloritée*; terrains qui sont recouverts sur quelques points par la *formation lacustre* et par quelques lambeaux du *terrain marin tertiaire*.

Enfin la *région basse* ou *maritime* est caractérisée par la *formation néocomienne*, la *formation lacustre*, le *terrain marin tertiaire*, et par les *alluvions anciennes* et *modernes*.

Bien que notre but ne soit que de décrire ici les terrains qui composent la région supérieure du Gard, nous serons cependant obligé, afin de rendre nos descriptions plus complètes , de les étendre aux portions des départements de l'Aveyron, de la Lozère et de l'Ardèche appartenant aux montagnes des Cévennes , qui sont trop intimement liées à cette région du Gard pour pouvoir en être séparées.

Mais avant de décrire géologiquement cette contrée, nous croyons utile d'indiquer l'étymologie de ce mot de Cévennes, de donner une idée de l'étendue et de la configuration générale de cette chaîne de montagnes , et de déterminer la portion de pays comprise aujourd'hui le plus généralement sous cette dénomination.

Le nom de Cévennes , dérivé de l'hébreu *Giben* ou du celtique *Keben*, signifie, dans ces deux langues, montagne. Cette double étymologie , souche commune de toutes les appellations grecques et latines , a vraisemblablement sa racine primitive dans les antiques idiomes de l'Inde. Strabon, dans son *Traité de géographie*, qui est l'ouvrage de cette nature le plus complet et un des plus anciens qui nous restent, nous apprend que le mont *Cemmenus* prend naissance aux Pyrénées par une ligne perpendiculaire, traverse le milieu des Gaules et se termine près de Lyon , après avoir parcouru un espace de 2000 stades, c'est-à-dire 104 lieues environ. Cette même chaîne de montagnes est nommée par Jules César *Cebenna*, par Pomponius Méla et Pline *Gebenna* ou plutôt *Cebenna*, dénomination qui se rapproche davantage du mot *Cévennes*, dont on se sert aujourd'hui.

On voit que les anciens géographes désignaient sous ce nom une étendue de pays très-considérable, et qu'ils l'appliquaient aux montagnes de l'Albigeois, du bas Rouer_gue , du bas Gévaudan et du bas Vivarais. Mais , de nos jours, cette dénomination assez vague de *Cévennes* se donne à une portion de pays beaucoup plus restreinte ; elle semble réservée à indiquer d'une manière plus spéciale les montagnes qui s'étendent principalement sur la partie occidentale du département du Gard et sur les parties limitrophes des départements de l'Ardèche, de la Lozère, de l'Hérault et de l'Aveyron. De sorte que le pays compris aujourd'hui sous ce nom peut être assez bien circonscrit, au N.O., par une ligne brisée partant de Lodève (Hérault), passant par Nant (Aveyron), par Florac et Villefort (Lozère) ; tandis qu'au S.E. cette limite serait à son tour assez bien tracée par une autre ligne à peu près droite, tirée de Lodève à l'Argentière (Ardèche), et passant par Ganges, Quissac, Anduze, Alais, Saint-Ambroix.

Terrain ancien. — Le terrain ancien des Cévennes est composé en grande partie par des schistes talqueux ou cristallins, au milieu desquels on observe de grandes masses granitiques, des filons de porphyre, et d'une roche nouvelle encore peu connue, désignée sous le nom de Fraidronite.

Terrain talqueux. — On remarque que les schistes anciens, le plus ordinairement talqueux dans la partie supérieure, se chargent dans le bas, notamment au contact des masses granitiques ou des filons métallifères, de nombreux filets de quartz et de feldspath, et passent ainsi au gneiss. D'autres fois, ces schistes, au contact du granite, éprouvent une simple altération dans leur couleur et dans leur ténacité ; ils deviennent très-durs, souvent blanchâtres, et contiennent quelquefois de petits cristaux d'une substance assez semblable à la macle. Le mica est fort rare dans le terrain talqueux des Cévennes, et nous ferons remarquer que le schiste n'y passe jamais au micaschite proprement dit.

Calcaire hypogène ou *métamorphique*. — Le terrain schisteux ancien contient, notamment dans la vallée du Vigan et dans celle de Valleraugue, des couches calcaires subordonnées, qui dans certains points offrent une très-grande épaisseur ; et l'on observe que ces assises calcaires sont distribuées à diverses hauteurs dans la masse schisteuse.

Dans la vallée de Valleraugue, un peu au-dessous du sommet de l'Aigual, à l'Hort-de-Dieu, et tout à fait au pied de cette montagne, aux fours à chaux de Malet, il existe des bandes calcaires d'environ 50 mètres de puissance, et qui sont recouvertes par une épaisseur de plus de 7 à 800 mètres de schiste talqueux.

Dans la vallée du Vigan, ce calcaire se trouve également intercalé dans le schiste, comme à Montdardier, Alzon, Espériés et au pont de l'Hérault. D'autres fois il lui est superposé ; mais il se lie toujours avec lui, au point de contact, d'une manière intime. Nous citerons comme exemple de calcaires évidemment superposés aux schistes, ceux sur lesquels le Vigan se trouve bâti, et ceux que l'on observe au sud de cette ville dans les communes de Pommiers, de Roquedur et de Saint-Bresson.

Nous ferons remarquer que les caractères minéralogiques de ces calcaires sont très-variables ; ils sont le plus ordinairement compactes et très-durs, d'un gris bleuâtre, quelquefois blanchâtres et cristallins ; souvent aussi ils sont jaunâtres et dolomitiques, comme à Pommiers et à Coularou près le Vigan.

J'ai hésité longtemps sur la véritable classification géognostique de ces calcaires, dans lesquels j'ai cherché vainement des débris organiques; mais leur liaison intime avec les schistes talqueux, dont ils partagent tous les accidents de stratification, nous fait penser aujourd'hui qu'on doit les considérer comme faisant partie du même groupe géognostique. Cette roche correspondrait donc au calcaire appelé vulgairement *primitif* et désigné par M. Lyell sous le nom de calcaire *hypogène* ou *métamorphique*.

Le terrain talqueux, tel que nous venons de le décrire, paraît avoir une puissance très-considérable, et nous pensons qu'on peut lui assigner 3 ou 4000 mètres au moins d'épaisseur.

Ce terrain renferme plusieurs filons d'antimoine sulfuré, qui se dirigent généralement de l'E. à l'O. Ils forment des gîtes assez importants, exploités au Collet-de-Dèze (Lozère), à Malbos dans l'Ardèche, et dans le Gard à Bordezac, à Cessous près Portes, à Courcoulouse près Saint-Florent, à Loubemorte, commune de Saint-Paul-Lacoste, et près du hameau de Falguière, dans la commune de Saint-Jean-du-Gard.

C'est aussi dans ce terrain qu'existent, dans la Lozère, les filons de plomb sulfuré argentifère des mines de Vialas, et les beaux filons de cuivre sulfuré des Combelles près Saint-Sauveur-des-Pourcils et du Fraissinet près Villefort.

Terrain granitique. — Le terrain granitique compose le noyau intérieur de la chaîne des Cévennes : il y apparaît au jour sur trois points principaux, constituant des massifs isolés, assez réguliers, de forme allongée, placés parallè-

lement, et espacés de manière à laisser entre eux une distance de 25 à 30 kilomètres.

Le massif granitique le plus septentrional est situé dans
le département de l'Ardèche, où il forme la chaîne du
Tanargue. Le second massif, ou celui du centre, constitue
la montagne de la Lozère, qui a environ 24 kilomètres
de longueur, et qui s'étend de Saint-Étienne-de-Valdonès,
au S.E. de Mende, jusqu'auprès de Génolhac dans le
département du Gard. Le point le plus culminant de ce
massif granitique, dit le Crucinas, atteint une altitude de
1718 mètres. Enfin le troisième massif, qui est placé au
midi des deux autres et que nous désignerons sous le nom
de massif méridional, est situé presque en entier dans le
département du Gard. Il est formé par les crêtes des montagnes du Saint-Guiral, du Lengas. du Lirou et de Brion,
et s'étend des limites de l'Aveyron, près de Saint-Jean-
du-Bruel, jusqu'à Saint-Jean-du-Gard, sur une longueur
de plus de 40 kilomètres ; sa largeur moyenne en a de 8 à
10, et il comprend 33,917 hectares de superficie. Sa plus
grande altitude est, à la montagne de l'Aigual, de 1568
mètres.

Ces trois masses granitiques sont de forme allongée et
disposées à peu près parallèlement à leur grand axe ; elles
sont alignées de l'E. à l'O., ou mieux encore N. 80° E.,
coupant obliquement la direction générale de la chaîne
des Cévennes qui court N. 40° E. ; de telle sorte qu'il est
à supposer que l'apparition de ces trois massifs est de beaucoup antérieure au soulèvement qui est venu redresser
plus tard les terrains jurassiques placés sur les versants
occidental et oriental de cette chaîne de montagnes.

Ces masses de granite sont très-remarquables ; elle

percent le terrain talqueux qui les entoure de toutes parts, et dont on voit les couches se relever sur leurs flancs. Le granite des Cévennes présente tous les caractères d'une roche d'éruption. Il est composé d'un mélange intime de feldspath blanc-jaunâtre, lamellaire et grenu, de quartz gris amorphe et de mica noir. Il contient de gros cristaux de feldspath disséminés dans la masse, qui lui donnent un aspect porphyroïde. Il est très-altérable, et son feldspath est souvent passé à l'état de kaolin. Au point de contact du schiste talqueux et du granite, on n'observe jamais de passage insensible entre ces deux roches ; elles sont toujours très-distinctes l'une de l'autre, et l'on peut même voir quelquefois que le granite enveloppe des fragments de schiste talqueux plus ou moins volumineux, qui ont dû être arrachés lors de cette grande éruption granitique. Un autre fait, qui tend également à démontrer que le granite, au moment de son éjection, devait être à l'état pâteux, s'observe sur la montagne de l'Aigual : là, cette roche paraît avoir pour ainsi dire coulé sur les couches schisteuses qu'elle recouvre en partie, et qui sont fortement redressées, plongeant au N. sous un angle d'environ 60°. La coupe (pl. VII, fig. 1) donnera une idée exacte de cette disposition.

Sur le massif granitique du Mont-Lozère, au N.O. de Génolhac, près le roc Malpertus, où est situé un des signaux qui ont servi à la grande triangulation de la nouvelle Carte de France, on observe que le soulèvement granitique a porté une langue très-étroite de schiste talqueux à une très-grande élévation. Cette bande schisteuse forme sur ce plateau entièrement granitique trois sommités remarquables : les deux premières, c'est-à-dire celles qui sont le plus rapprochées du signal, ont une altitude de 1621 et de 1594 mètres ; elles sont connues sous le nom de la *Tête-de-Bœuf*, et la troisième, qui s'élève seulement à 1576 mètres, est désignée sous le nom de *Bois-des-Armes*.

Il résulte de toutes ces observations que le granite porphyroïde paraît avoir été éjecté à l'état pâteux, et qu'il n'est arrivé au jour que postérieurement au dépôt de schiste talqueux, dont il a plissé, soulevé et brisé les couches, au moment de son apparition. C'est probablement aussi à cette même époque et sous l'influence de cette roche ignée, qu'on doit rapporter les phénomènes métamorphiques qui sont venus altérer les calcaires et les schistes primordiaux, et leur donner l'aspect sous lequel ces roches se présentent aujourd'hui.

Pour compléter la description du terrain granitique des Cévennes, nous dirons que cette roche éruptive contient très-fréquemment des filons ou plutôt des amas subordonnés de pegmatite, roche qui passe sur un grand nombre de points au leptynite (*Weisstein* des Allemands), par le simple effet d'une diminution dans la grosseur de ses éléments constitutifs. A Saint-Jean-du-Gard, nous avons observé une assez grande masse de pegmatite décomposée, réduite à l'état de kaolin. La pegmatite et le leptynite contiennent souvent, comme substances minérales disséminées, du cuivre pyriteux et des cristaux d'amphibole, ainsi qu'on peut le voir aux environs de La Salle et de Saint-Jean-du-Gard.

Porphyre granitoïde. — C'est encore à la même éruption granitique que nous rapporterons les filons de por-

phyre granitoïde qu'on observe, sur quelques points des
Cévennes, injectés dans le terrain talqueux, notamment
dans la vallée du Vigan, entre cette ville et la commune
de Mandagout, et près d'Alais, du côté de Soustelle, de
Periès, de Malataverne et du château de Sauvage. Nous
nous sommes assuré que ces filons porphyroïdes se liaient
toujours, dans leur partie inférieure, avec les masses
granitiques; que ce porphyre n'était réellement que du
vrai granite injecté sous forme de veines ou petits filons,
qui, se trouvant refroidi dans des circonstances particu-
lières, offrait un aspect minéralogique différent. Le grain
de ce granite est en général plus fin que celui de la masse
d'où ces filons émanent, et l'on observe que ces veines
sont souvent dépourvues de mica. Dans certaines variétés
le quartz et les cristaux de feldspath disparaissent, et le
filon n'est alors composé que de feldspath compacte et
quelquefois granulaire. Dans quelques filons le mode de
refroidissement paraît avoir surtout influé d'une manière
particulière sur la cristallisation du feldspath et du quartz;
le première de ces substances s'y présente ordinairement
sous la forme de prismes obliques plus ou moins surchar-
gés de facettes à leur sommet, et la seconde sous l'aspect
de petits dodécaèdres bipyramidaux, formes cristallines
que nous n'avons jamais rencontrées dans le granite porphyroïde proprement dit, dont les cristaux de feldspath
se rapportent toujours à la variété hémitrope, et où le
quartz présente en général une cristallisation confuse.

Fraidronite. — Nous dirons aussi quelques mots d'une
roche, encore peu connue, qui paraît particulière aux
montagnes des Cévennes, où elle est très-abondante: c'est

le fraidronite [1], roche éruptive assez semblable au trapp, mais qui s'en distingue par l'absence du pyroxène et de l'amphibole. L'apparition de cette roche a eu lieu postérieurement à celle du terrain granitique, puisque les filons qu'elle forme pénètrent indistinctement dans le granite et dans le schiste talqueux. Ne l'ayant jamais vue injectée dans des terrains plus récents, nous pensons qu'on peut d'une manière assez vraisemblable fixer son apparition à une époque antérieure à la période houillère. J'ai étudié avec soin la direction d'un grand nombre de filons de fraidronite, et j'ai reconnu qu'ils se dirigeaient presque tous le plus ordinairement du N. au S. ou du N. 23° E. au S. 23° O.

Calcaire éruptif. — Enfin, pour terminer cette description des terrains anciens des Cévennes, nous signalerons un fait géologique qui nous paraît trop intéressant pour le passer sous silence : c'est l'existence d'un *calcaire éruptif*, formant de véritables filons au milieu du terrain granitique.

Ce calcaire ordinairement magnésien est d'un beau blanc, à structure cristalline, et nous ferons remarquer

[1] Le fraidronite a été retrouvé par M. Viquesnel dans les environs de Vichy. Depuis la session d'Alais, nous avons constaté son existence près de la Chaise-Dieu, dans un granite porphyroïde exactement semblable à celui qui forme les trois massifs décrits par M. Dumas. Ce granite nous a paru former une chaîne continue, au moins de la Bastide, entre Villefort et Langogne, jusqu'à Vichy, en suivant la direction qui relierait les trois masses observées par M. Dumas. Entre la Chaise-Dieu et Arlene, il a soulevé le gneiss. Après avoir coupé cette chaîne près d'Ambert, on en coupe une seconde à Saint-Amand de granite à petit grain, qui se perd sous les terrains tertiaires de la Limagne.

(*Note de M. de* Roys.)

qu'indépendamment de son gisement, ce qui doit encore conduire à le considérer comme ayant une origine ignée, c'est sa fréquente association avec des substances minérales qui ont évidemment elles-mêmes une origine plutonique incontestable. C'est ainsi que dans le grand filon de calcaire éruptif qui s'étend de Fons à Cabrillac (Lozère), sur une longueur d'environ 2 kilomètres, nous avons rencontré du quartz, de la blende, du plomb sulfuré et carbonaté.

Dans le vallat de *Rieufrais*, près Cabrillac, nous avons observé que ce même filon présentait la particularité remarquable d'offrir, dans sa partie supérieure, une véritable stratification distincte et régulière, comme si le calcaire, en se sublimant dans cette fissure granitique, y avait formé de haut en bas une série de couches successives, à peu près semblables à celles d'un dépôt qui se serait opéré par la voie neptunienne. Et certes, l'on ne peut pas supposer ici que le filon ait été rempli par la partie supérieure, puisque sa crête est encore recouverte par le granite, et qu'il n'a été mis à nu que par les torrents qui, descendant des montagnes de l'Aigual, sont venus creuser dans cette roche décomposée les ravins dans lesquels on le voit à découvert. Je rappellerai à ce sujet qu'un exemple semblable de stratification s'observe dans le filon de quartz aurifère de La Gardette, phénomène que la Société géologique a été à même de constater lors de la session tenue à Grenoble en 1840.

Ces filons de calcaire éruptif sont presque verticaux, et ils offrent une épaisseur variable de 2 à 10 mètres; leur direction oscille entre le N. 62° E., et le N. 98° E.

J'ai désigné cette roche, sur la légende de la Carte

géologique du Gard, sous le nom de *calcaire cristallin;*
les filons qu'elle forme sont peu répandus, et indépendamment de celui que nous avons signalé dans le département de la Lozère, nous n'en avons rencontré que cinq
ou six autres qui se trouvent, dans l'arrondissement du
Vigan, sur le territoire des communes de Mandagout, de
Valleraugue, de Saint-Martial et de Saint–André-de-Ma-
jencoules.

Terrain houiller. — Le terrain houiller se montre à
découvert sur le versant oriental de la chaîne des Cévennes, où il forme une succession de bassins plus ou
moins considérables. On observe que ce dépôt s'est opéré
dans les dépressions du terrain talqueux, déjà disloqué
par l'effet des soulèvements antérieurs ; de telle sorte que
la formation houillère repose, sur ce terrain, en stratification discordante et presque toujours transgressive.

Dans le département du Gard, le terrain houiller se
divise naturellement en deux bassins, formant des groupes distincts et séparés : le *bassin du Vigan* et le *bassin
d'Alais.*

Bassin du Vigan. — Le bassin du Vigan est peu important ; il consiste principalement en deux lambeaux de
terrain houiller. Le premier, situé dans la plaine de
Cavaillac, près le Vigan, renferme seulement deux couches
de combustible ; sa surface est d'environ un kilomètre
carré.

Le second point houiller est encore plus restreint ; il
existe dans la commune de Sumène, au hameau de Sou-
nalou, et ne contient qu'une seule couche de houille.

Ces deux dépôts reposent en partie sur le schiste talqueux et en partie sur le calcaire hypogène qui lui est
subordonné, et ils sont recouverts par le trias en stratification légèrement discordante. Nous ne nous étendrons
pas davantage sur la description du bassin du Vigan, et
nous passerons immédiatement à celle du bassin d'Alais,
qui présente un beaucoup plus grand intérêt.

Bassin d'Alais. — Entre la ville d'Alais et celle des
Vans (Ardèche), le terrain houiller affleure au jour sur
une longueur de 28 à 30 kilomètres et sur une largeur
de 13 kilomètres environ, entre la commune de Sainte-
Cécile d'Andorge et celle de Saint-Ambroix. L'ensemble
de ce bassin offre la forme d'un vaste quadrilatère assez
régulier, qui peut être compris dans une série de lignes
brisées partant d'Alais et passant par Saint-Ambroix, les
Vans, Chamborigaud, Sainte-Cécile-d'Andorge, Saint-
Jean-du-Pin et Alais, point de départ.

Mais sur toute cette superficie, le terrain houiller est
loin d'être partout à découvert; il ne se montre que sur
quelques points formant autant de bassins plus ou moins
étendus, distincts et nettement séparés les uns des autres,
qu'on peut diviser, sous le rapport de leur position géologique, en trois catégories distinctes.

Quelques-uns de ces bassins ne sont que de véritables
lambeaux de terrain houiller, restes d'une ancienne dénudation, ils reposent sur le terrain talqueux qui les entoure de toutes parts; tels sont :

1re CATÉGORIE.

	kil.
1º Le bassin d'Olympie .... surface	0,561
2º Celui entre Bellepoële et le Vern (commune de Chamborigaud) .... —	0,0125
3º Celui du Vern (*idem*)............... —	0,225
4º Celui de Tarabias (commune de Chambon) .... —	0,007

D'autres reposent sur le terrain talqueux, et sont recouverts, d'un côté seulement, par des formations plus modernes, le trias et le terrain jurassique. Ce sont :

2e CATÉGORIE.

	kil.
1º Le grand bassin du Gardon et de la Cèze. surface	77,46075
2º — de Malataverne et de Rieusset —	1,0825
3º — de Saint-Jean-du-Pin .... —	0,340
4º — du vallat de la Coste, près Bordezac .... —	0,01

D'autres enfin sortent au jour au milieu des terrains triasiques et jurassiques, et quelquefois même au contact des terrains tertiaires ; tels sont :

3e CATÉGORIE.

	kil.
1º Le bassin de Rochebelle, Cendras et St-Martin. surface	1,905
2º — de Saint-Jean-de-Valeriscle....... —	2,072
3º — des Brousses et Molières......... —	0,945
4º — de Saint-Paul-le-Jeune (vallat de Champvalz, Ardèche) .... —	0,012
5º —)les deux points houillers du vallat(—	0,01
6º — } de Mont-Gros (Ardèche)..... (—	0,0002
7º — du vallat de Lacombe, entre Banne et le Mazel (Ardèche).......... —	0,09
8º — le petit point houiller de la Côte-de-Long, près Bordezac .... —	0,0004
9º — du Mas-Dieu .... —	0,5054

Ainsi, il y aurait en tout, dans le bassin d'Alais, dix-sept points, grands ou petits, où le terrain houiller serait à découvert ; ce qui constituerait autant de bassins partiels plus ou moins considérables, mais faisant tous partie de la même formation houillère de la contrée.

De tous ces divers bassins, le plus important est celui qui s'étend du Gardon d'Alais jusqu'au-delà des limites du département du Gard, et qui se termine dans celui de l'Ardèche, sur le territoire des communes de Banne et Brahic, à 3 kilomètres au S. de la ville des Vans. Le terrain houiller y est à découvert du N. au S. sur une longueur de 20 kilomètres et sur 8 de largeur moyenne. La surface totale de ce bassin est 7,746 hectares. On voit qu'il est très-étendu, et qu'à lui seul il représente les neuf dixièmes de la partie visible du terrain houiller d'Alais ; aussi est-ce là que réside la principale richesse minérale, tous les autres bassins, à l'exception de ceux de Rochebelle et de Saint-Jean-de-Valeriscle, où il existe des exploitations régulières et importantes, n'étant pour ainsi dire que des témoins attestant la présence du terrain houiller caché sous le terrain secondaire.

Ce bassin est coupé transversalement du N. N. O. au S. S. E. par une bande de schiste talqueux, qui se rattache du côté de Pierremale au terrain ancien des Cévennes, et qui s'avance au S. S. E. sous forme de presqu'île ou promontoire élevé. Cette arête schisteuse est très-remarquable ; elle a 10 kilomètres de long sur 2 de largeur moyenne, et forme une saillie élevée qui domine de tous côtés la formation houillère. Le point le plus avancé au S. S. E. de cette chaîne atteint une altitude de 698 mètres ; on le désigne sous le nom de Rouergue.

Il résulte de cette disposition particulière que ce bassin se trouve subdivisé en deux parties distinctes : nous désignerons celle du S. sous le nom de *bassin méridional* ou *du Gardon*, et celle du N. sous celui de *bassin septentrional* ou *de la Cèze*. Mais nous ferons observer que cette séparation n'est pas complète, et que ces deux bassins sont réellement liés entre eux, du côté du hameau de Mercoiral, par une bande de terrain houiller de 3 à 400 mètres de large, qui affleure au jour et qui contourne l'extrémité de la presqu'île de terrain ancien dont nous venons de parler.

Puissance, division et nature du terrain houiller. — Le terrain houiller du bassin d'Alais a une puissance très-considérable, qui peut être évaluée à 1000 mètres environ. Il se divise en trois systèmes, distincts par la nature des roches qui les constituent, par le nombre, la puissance et la qualité des couches de combustible, comme aussi par les espèces de végétaux fossiles qu'on y rencontre. Mais nous ferons observer que chacun de ces systèmes se subdivise naturellement en deux étages, dont l'un charbonneux et l'autre stérile ; de sorte qu'il en résulte que la totalité du terrain houiller se trouve composée d'une succession d'étages charbonneux et d'étages stériles alternant ensemble et de manière que la série commence toujours dans le bas par un étage non charbonneux.

Le tableau suivant donne une idée de cette disposition et fait connaître la puissance de ces divers étages, leur composition, le nombre des couches de houille, et la position des divers centres d'exploitations qui se trouvent situés dans ce bassin.

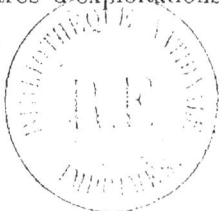

Coupe théorique du bassin houiller d'Alais.

DIVISION EN SYSTÈMES.	ÉTAGES.	COMPOSITION.	NOMBRE ET PUISSANCE DES COUCHES DE HOUILLE.	LOCALITÉS OU CENTRES D'EXPLOITATION.	PUISSANCE DES étages.	systèmes.
Système supérieur	Supérieur ou charbonneux	Grès fin micacé et schiste gris-verdâtre. Point de sidérose.	5 couches donnant une épaisseur de 4m,25 de combustible.	Mazel, commune de Baume, Ardèche. — Couches au-dessus de Boniol, vis-à-vis les Salles de Gagnières. — Bassin des Brousses et Molières. Étage inconnu dans le bassin méridional.	70 m.	
	Inférieur ou stérile.	Schiste gris-verdâtre, se délitant facilement en feuillets excessivement minces, avec couches subordonnées de grès fin micacé. peu consistant, se décomposant à l'air en masses sphéroïdales.	Entièrement stérile.	Étage inconnu dans le bassin méridional. — Il s'observe, entre Bessèges et le Mazel, sur tout le pourtour oriental du bassin de la Cèze. — Bassin des Brousses et Molières.	230	300 m.
Système moyen	Supérieur ou charbonneux	Partie supérieure, grès micacé à petits grains ; partie inférieure, grès à gros grains de quartz. Sidérose dans la partie inférieure seulement.	14 couches donnant une épaisseur de 22m,00 de combustible.	Grand'Combe et Champclauson. — Couches supérieures de Bessèges et de Lalle, au-dessus de la couche Sainte-Illide inclusivement. — Bassin de St-Jean de Valériscle. — Couches de Rochebelle, Cendras et St. Martin.	200	
	Inférieur ou stérile.	Grès fin d'un blanc jaunâtre, très-compacte et donnant de belles pierres de taille. Schiste plus ou moins bitumineux.	A peu près stérile, 4 ou 5 couches, dont celle de St-André, à Bessèges, et la couche inférieure de Champclauson sont seules exploitables.	Partie moyenne de la montagne de Champclauson comprise entre la grande couche de Champclausou et celle de la Minette à la Levade. — Partie moyenne de la montagne de Bessèges, entre les couches Sainte-Illide et Saint-Christophe exclusivement.	150	350
Système inférieur.	Supérieur ou charbonneux	Grès à grains moyens, quartzeux et feldspathiques, contenant quelquefois des fragments de schiste talqueux et de quartz hyalin. Sidérose en couches ou en rognons.	6 couches donnant une épaisseur de 20m,00 de combustible.	Exploitation de la Levade et de la Trouche, correspondant à celle de la Grand'Baume et de la forêt d'Abylon. — Couches inférieures de Bessèges, au-dessous de la couche St-Christophe. — Couches de la concession de Sallefermouse, exploitées dans le vallat de Combie-Longue ; celles de Pinèdes et des mines de Figère.	80	
	Inférieur ou stérile.	Conglomérat aurifère, entièrement composé de fragments de schiste talqueux et de cailloux de quartz blanc, reliés par un ciment argileux d'un jaune rougeâtre. Sidérose en rognons.	A peu près stérile ; on y observe 2 ou 3 petites couches de houille anthraciteuse.	Tout le pourtour occidental du bassin méridional et septentrional. — Bassin d'Olympie, de Malataverne, du Vern et de Tarabias.	270	350
Total des couches de houille comprises dans les étages charbonneux, 25 donnant une épaisseur totale de combustible de 46m,25				Puissance totale du bassin . . .		1000

1º SYSTÈME INFÉRIEUR. — *Étage inférieur.* — L'étage inférieur, qui constitue la base du terrain houiller, est composé d'un poudingue ou conglomérat à gros éléments, formant des bancs épais confusément stratifiés, et séparés de temps en temps par des schistes gris foncé, contenant des rognons de sidérose. Ce poudingue est formé de fragments anguleux de schistes talqueux qui se croisent en tous sens, et de cailloux de quartz blanc provenant du même terrain, liés par un ciment argileux d'un jaune rougeâtre. Ces fragments, dans les assises inférieures, sont souvent beaucoup plus gros que la tête ; mais on observe que leur dimension va généralement en diminuant, à mesure qu'on s'élève vers les assises supérieures ; ils n'ont jamais leurs angles très-arrondis, ce qui dénote une origine peu éloignée, et l'on peut dire que l'étage inférieur du terrain houiller est en quelque sorte composé des débris du vase qui le contient.

Cet étage inférieur règne sans exception sur toute la lisière occidentale du bassin houiller d'Alais, au contact des roches primitives ; il forme aussi les petits îlots d'Olympie, du Vern et de Tarabias. Sa puissance dans le bassin de la Cèze peut être évaluée, sans exagération, à 300 mètres environ ; mais du côté de Portes et de la Levade, dans le bassin méridional, cette épaisseur serait un peu moins considérable.

Cet étage est essentiellement stérile sous le rapport du combustible ; la houille ne s'y montre qu'à l'état d'anthracite, en rognons ou en couches excessivement minces (l'Hôpital, près Bordezac, et Martrimas, Ardèche), à l'exception de la couche exploitée dans la concession d'Olympie, qui a presque 1 mètre d'épaisseur.

C'est à la base de cet étage qu'on rencontre aux Drouillèdes, près Bessèges, à Gournier, à Abaud et sous Sallefermouse (Ardèche), plusieurs couches d'un schiste
rouge, ferrugineux, argilo-talqueux. Des essais faits à
l'usine de Bessèges lui ont reconnu une richesse en fer
de 9 à 12 p. 100 ; la fonte en est grise et très-douce.

Nous signalerons aussi le conglomérat inférieur du terrain houiller comme étant le gîte principal des paillettes
d'or que roulent le Gardon d'Alais, la Cèze et surtout la
rivière de Gagnières. On sait que depuis longtemps les
orpailleurs se livrent à la recherche de cette précieuse
substance en lavant les sables de ces trois rivières ; mais
on ignorait quel était le gisement primitif de ce métal.
Nous nous sommes assuré par des lavages faits sur les
lieux, notamment à la montagne des Chamades, sous le
village de Malbos (Ardèche), que le conglomérat houiller
est lui-même très-aurifère, et que c'est là le véritable
point de départ des paillettes d'or. Et, en effet, les per-
sonnes qui exercent l'industrie d'orpailleur affirment que
le Gardon d'Alais n'est plus aurifère au-dessus de la Levade, la Cèze au-dessus des Drouillèdes, et que Gagnières
cesse également de l'être au-dessus du village de Malbos;
ce qui est très-vrai, puisque la formation houillère s'arrête
à ces divers points, et qu'en amont de ces trois localités
les cours d'eau que nous venons d'indiquer ne roulent
plus que sur le terrain talqueux.

Étage supérieur. — La partie supérieure du système
inférieur est très-charbonneuse. C'est dans cet étage que
sont ouverts, dans le bassin méridional, les centres d'exploitation si importants de la Levade et de la Grand'Baume,

où l'on observe six couches de houille donnant une épaisseur moyenne d'environ 17 mètres. — Les six couches
ont reçu des noms différents dans ces deux mines, parce
qu'elles montrent des variations assez notables dans leur
épaisseur, circonstance qui n'a pas permis de reconnaître
leur identité. — Le tableau suivant indique le rapport
qui existe entre ces couches, et fait connaître les diffé-
rences de puissance qu'elles éprouvent, ainsi que celle
des grès et des schistes qui les séparent.

TABLEAU de l'étage supérieur ou charbonneux du système inférieur dans le bassin méridional ou du Gardon.

EXPLOITATION de la Levade et de la Trouche.		EXPLOITATION de la Grand'Baume et de la forêt d'Abylon.	
	mèt.		mèt.
La Minette — Houille.......................	0,50	**Couche inexploitée** — Houille...............	2,00?
Grès ou schiste	15,00	Grès ou schiste	20,00?
Les Cinq-Pans — Houille.......................	1,75	**Couche inexploitée** — Houille...............	0,90?
Grès ou schiste..........................	2,00	Grès ou schiste.......................	20,00?
Les Trois-Mâchoires — Houille / Schiste / Houille / Schiste / Houille	2,00	**Couche inexploitée** — Houille...............	0,80
Grès fin et schisteux. ....mèt. 6,00 / Poudingue à noyaux de quartz et schiste .... 3,00 / Grès micacé fin et schisteux .... 5,00 }	14,00	Grès plus ou moins schisteux. mèt. 15,00 / Grès dur et compacte.......... 2,00 / Grès fin et schisteux .... 3,00 }	20,00
Couche de la Trouche — Houille sale et schisteuse.... 0,25 / Schiste compacte.......A. 0,06 / Houille.................. 0,17 / Schiste ....B. 0,06 / Houille.................. 0,47 / Schiste.........C. 0,04 / Houille... 0,16 / Schiste...D. 0,04 / Houille....... 0,25 }	1,50	**Grande couche d'Abylon** — Houille............. 0,41 / Schiste .... 0,00 / Houille et schiste........ 0,13 / Schiste compacte ......A. 0,25 / Houille.............. 0,50 / Schiste......... 0,03 / Houille............. 0,45 / Schiste............. 0,04 / Houille............. 0,10 / Schiste ....B. 0,09 / Houille............. 0,40 / Schiste............. 0,04 / Houille............. 0,53 / Schiste.............C. 0,17 / Houille............. 0,36 / Schiste.............D. 0,07 / Houille............. 0,32 }	3,98
Grès schisteux............. 1,50 / Houille............... 0,04 / Grès schisteux............. 1,50 }	2,50	Grès schisteux	4,00
Mine du Lard — Houille assez pure.............	0,54	**Minette d'Abylon** — Houille............. 0,38 / Schiste.. ...... 0,02 / Houille·· .... 0,20 / Schiste...........·..... 0,06 / Houille............. 0,42 }	1,08
Grès schisteux.,................. 1,00 / Houille.... .... 0,04 / Grès micacé fin et schisteux....... 23,00 }	24,54	Grès schisteux................ 24,45 / Houille................. 0,25 / Grès micacé schisteux très-dense·· 0,30 }	25,00
Couche de la Levade (à la mine Mourier). — Houille alternant avec schiste, inexploitée............. 2,00 / Schiste..................... 2,00 / Houille impure, dite cisaille...... 0,40 / Houille, assez bon coke. 0,40 / Schiste, nerf...... 0,02 / Houille, assez bon coke. 1,20 } 2,00 / Schiste.............. 0,20 / Houille.............. 0,10 }	6,30	**Couche de la Grand'Baume** (à la mine Luce). — Houille (banc supérieur)... 2,10 / Schiste .... 2,00 / Houille (1er petit banc)·· 1,00 / Schiste............. 0,30 / Houille (2e petit banc)···· 1,08 / Schiste............. 0,30 / Houille peu collante. 1,10 / Houille très-pure... 0,20 / Houille peu collante. 1,20 } Banc moyen / Schiste .... 0,10 / Houille.............. 1,50 / Schiste.............. 0,59 / Houille médiocre inexploitée... 0,50 }	11,80
Épaisseur totale. . . . . 70,63 / contenant 12m,55 de combustible.		Épaisseur totale· . . . . 113,56? / contenant 20m,56 de combustible.	

Les lettres A. B. C. D indiquent les lits de schistes correspondants.

A ce même étage se rapportent probablement, dans le bassin de la Cèze, les couches inférieures des mines de Bessèges et de Lalle, jusqu'à la couche Saint-Christophe exclusivement, ainsi que les plus basses couches exploitées, dans l'Ardèche, à Pigère et dans la concession de Sallefermouse (vallat de Combe-Longue).

Voici les noms et la puissance des couches de houille de l'étage charbonneux du système inférieur, aux mines de Bessèges; comme dans le bassin méridional, elles sont au nombre de six.

	Mètres.
Couche St-Mathieu..........................	1,00
Grès fin micacé.............................	50,00
Couche de houille dite Saint-Christophe..........	1,50
Grès fin micacé et schiste....................	30,00
Couche de houille dite la Minette ou St-Auguste..	1,10
Grès fin micacé.................. 11m,00	
Grès à grains moyens avec petits fragments de schiste talqueux......... 4m,00	15,00
Couche de houille dite Sainte-Barbe............	1,50
Grès et schiste.............................	20,00 ?
Couche de houille inexploitée.................	2,00
Grès et schiste.............................	20,00 ?
Couche de houille inexploitée.................	1,00
Grès.................	20,00 ?
Couche de houille inexploitée.................	» »
Épaisseur totale à Bessèges et à Lalle de l'étage charbonneux du système inférieur............	112,10 ?

Quant aux rognons de sidérose ou fer carbonaté lithoïde, ils sont en général trop peu abondants pour donner lieu à des exploitations avantageuses. Cependant au S. de Portes, à Palme-Salade, il existe dans cet étage deux couches de fer carbonaté exploitées avantageusement depuis quelques années par la Compagnie des forges d'Alais. La couche supérieure consiste en schiste argileux et en filets de houille contenant des rognons nombreux de fer carbonaté et quelques petits nids de blende; sa puissance est de 12 mètres. La seconde couche, qui est séparée de la première, par une épaisseur de 30 mètres, d'un poudingue à gros éléments quartzeux, a 15 mètres de puissance ; comme la première, elle est formée de schistes plus ou moins pénétrés de rognons de sidérose ; mais au contact du poudingue, cette couche présente 3 mètres de minerai pur.

2° SYSTÈME MOYEN. — *Étage inférieur.* — Au-dessus de l'étage précédent viennent des grès plus ou moins fins, en général d'un blanc jaunâtre, très-compactes et donnant des pierres de taille assez estimées. Les bancs de schistes argileux y sont très-rares, et on n'y observe que quatre ou cinq couches de houille d'une faible épaisseur, dont celle de Saint-André à Bessèges et la couche inférieure de Champclauson sont seules exploitables. Cet étage est donc presque tout aussi stérile que le conglomérat inférieur; sa puissance dans la partie méridionale du bassin atteint à la montagne de Champclauson environ 148 mètres ; dans le bassin septentrional, à Bessèges et à Lalle, entre les couches de Saint-Christophe et de Sainte-Illide, elle est de 155 mètres.

Étage supérieur. — L'étage supérieur du système moyen est très-riche en couches de combustible. On y compte, dans le bassin méridional, quatorze couches de houille, qui existent principalement dans la montagne de la Grand'Combe, où elles sont presque toutes exploitées. La somme réunie de ces diverses couches donne, pour cet étage, une épaisseur de $21^m,95$ de combustible.

La couche de Champclauson constitue, dans le bassin du Gardon, la base de cet étage charbonneux; elle offre 4 mètres de puissance et forme sur la montagne de ce nom le centre d'une exploitation importante. Il est très-probable que cette couche a sa continuation sous la montagne de la Grand'Combe, où elle est connue sous le nom de *couche sans nom*. On la voit affleurer au col Malpertus ; de là, elle passe dans les concessions de l'Affenadou, de Comberedonde, et se retrouve encore dans celles de Portes et Sénéchas avec les mêmes caractères.

La coupe (fig. 2) rend parfaitement compte de cette disposition ; on voit que cette dénivellation a été produite par l'effet d'un grand plissement qui a affecté dans ce point le terrain houiller. Il résulte aussi de là que les six couches reconnues aux mines de Champclauson, au-dessus de la couche de ce nom, ne sont que la continuation de celles qui s'observent à la Grand'Combe, au-dessus de la *couche sans nom*. Quant aux autres couches qui existent au-dessus, si elles ne se retrouvent pas sur le sommet de la montagne de Champclauson, c'est qu'elles ont probablement disparu par l'effet d'une dénudation postérieure au soulèvement du terrain houiller. On a ponctué dans la coupe les parties de couches qu'on suppose avoir été enlevées.

Dans le N. du bassin de la Cèze, le système moyen charbonneux parait manquer tout à coup, de sorte que l'étage stérile du système supérieur repose directement sur l'étage houiller du système inférieur. Nous ferons connaître plus tard l'explication qui a été dernièrement proposée sur cette singulière anomalie.

Voici les noms et la puissance des diverses couches qui existent dans les trois centres d'exploitation que nous avons indiqués, ainsi que la correspondance qu'on peut supposer entre elles, dans l'état de nos connaissances sur le bassin houiller d'Alais.

TABLEAU *de l'étage supérieur ou charbonneux du système moyen.*

BASSIN MÉRIDIONAL ou DU GARDON.		BASSIN SEPTENTRIONAL ou DE LA CÈZE.
CHAMPCLAUSON.	GRAND'COMBE.	DESSÈGES ET LALLE.
	Grès et schiste.......... 25,00	
	Couche de houille inex-ploitée............... 0,80	
Partie dénudée	Grès et schiste.... 15,00	
	Couche Sainte-Barbe...... 2,00	
de la montagne	Grès schisteux.......... 20,00	
	Les 2 couches des Bosquets. 3,80	
de	Grès compacte.......... 22,00	
	Couche du Plomb........ 1,40	
Champclauson.	Grès compacte ... 10,00 ⎫ 15,00 / Grès très-schisteux 5,00 ⎭	
	Couche Portail supérieur... 1,10	
	Grès schisteux... 3,00	
	Couche Portail inférieur ... 1,25	
Grès et schiste.......... »	Grès très-schisteux, mi-cacé............... 6,00	
Affleurement de houille .... »	Couche de la Minette 0,50	
Grès et schiste.......... «	Grès schisteux grisâtre très-micacé............... 12,00	
Affleurement de houille.... »	Couche de la Baraque 1,20	
Grès et schiste.......... »	Schiste........ 0,80 ⎫ Grès compacte gris et fin (quartz et ⎬ 20,30 mica)........ 18,00 ⎪ Grès schisteux... 1,50 ⎭	
Affleurement de houille.... »	Couche de Velours....... 2,00	
Grès et schiste.......... »	Grès schisteux... 4,50 ⎫ 6,00 / Grès fin........ 1,50 ⎭	
Affleurement de houille.... »	Couche Cantelade........ 0,70	Couche de houille....... 1,00
Grès et schiste.... ..... »	Grès schisteux.......... 8,00	Grès................. 20,00
Affleurement de houille.... »	Couche de l'Airolle...... 1,20	Couche de houille inex-ploitée............... 0,80
Grès et schiste.......... 25,00	Grès.................. 20,00	Grès à grains moyens..... 20,00
Couche de houille inex-ploitée............... 0,50	Couche du Pin.......... 1,70	Couche de houille St-Fran-çois.................. 1,00
Grès et schiste avec rognons de fer carbonaté........ 20,00	Grès.......... 10,00 ⎫ 20,00 / Schiste avec sidé-rose.......... 10,00 ⎭	Schiste gris très-dur...... 40,00
Couche de Champclauson .. 1,00	Couche sans nom , inex-ploitée.......... de 3 à 4,00	Couche Sainte-Illide...... 2,00
	Épaisseur totale....... 216,25 contenant 21m,95 de combustible.	

Quant aux grès de cet étage, nous ferons observer qu'à la base ils sont en général assez grossiers, et que certaines assises contiennent des cailloux de quartz souvent assez gros (Champclauson et au-dessus de la couche Saint-François, à Bessèges) ; mais ils deviennent beaucoup plus fins vers la partie supérieure; à la Grand'Combe, ils sont schisteux et très-minces.

3° SYSTÈME SUPÉRIEUR. — *Étage inférieur.* — Au-dessus du système moyen on observe un étage composé de schiste gris-verdâtre, pâle, micacé, se délitant facilement en feuillets excessivement minces. Ces schistes ne contiennent pas de couche de combustible et sont très-pauvres en empreintes végétales. Les grès y sont rares ; et quand on y en rencontre ils sont fins, micacés, peu consistants et se décomposant à l'air en masses sphéroïdales, comme à la montée des Salles de Gagnières à Pierremorte.

Cet étage schisteux stérile, inconnu, ainsi que le suivant, dans la partie méridionale du bassin, est très-développé dans la partie N., où sa puissance est d'environ 200 mètres ; on l'observe entre Bessèges et le Mazel, sur tout le pourtour oriental de la région houillère, où il disparaît sous la formation triasique.

Étage supérieur. — Comme dans les systèmes précédents, l'étage stérile que nous venons de citer est surmonté par sa couronne charbonneuse ; les cinq couches exploitées au Mazel et dans le vallat de Lacombe (commune de Banne, Ardèche) appartiennent à cet étage, ainsi que les couches anciennement exploitées au contact du trias, en face du village des Salles au-dessus du hameau

de Boniol, sur la rive droite de la rivière de Gagnières. Il
en est de même du petit bassin des Brousses-et-Molières,
situé à l'O. de Saint-Ambroix, et peut-être aussi des couches supérieures du bassin de Saint-Jean-de Valeriscle.

Nous donnons ci-dessous la coupe de cet étage charbonneux, prise à l'exploitation du Mazel :

		mètres
5.	Couche de houille inexploitable	0,25
	Schiste	5,00
4.	Couche de houille dite *mine de la Paro*	1,25
	Grès	22,00
3.	Couche de houille dite *la Minette*	1,20
	Grès	14,00
2.	Couche de houille inexploitable	0,25
	Schiste	21,40
1.	Couche de houille dite *la Grand'couche*	1,30

Épaisseur totale au Mazel de l'étage charbonneux du système supérieur 66,65

On voit que ces cinq couches de houille, dont la seconde et la supérieure sont inexploitables, ne donnent
qu'une épaisseur de 4m,25 de combustible.

Nous ferons remarquer que l'étage charbonneux supérieur n'est point continu, comme les couches des systèmes précédents. Les couches de houille du Mazel se relè-
vent de tous côtés et forment un petit bassin isolé de
très-peu d'étendue; elles ne se lient point à celles anciennement exploitées près de Boniol, ni à celles du petit
bassin des Brousses-et-Molières, soit qu'elles aient été
en partie enlevées par l'effet d'une dénudation antérieure
au dépôt du trias qui recouvre tout ce système, soit plutôt
que le comblement à peu près complet et inégal de la
grande concavité dans laquelle le terrain houiller se dé-

posait ait déterminé vers la fin de la période houillère, dans des dépressions séparées, la formation de petits dépôts partiels de combustibles non continus.

Cette solution de continuité dans les couches supérieures de combustible du terrain houiller explique comment un premier sondage de 40 mètres, exécuté en 1838 sous le hameau du Frigoulet, dans le lit de Douloby, et un second sondage pratiqué deux ans plus tard sur le petit affleurement de Saint-Paul-le-Jeune (vallat de Champvalz), et poussé jusqu'à 53 mètres de profondeur, n'ont pu rencontrer les couches supérieures houillères. C'est que ces deux forages avaient été tentés dans l'étage schisteux stérile, que nous avons vu avoir près de 200 mètres d'épaisseur. Il en est de même de la galerie ouverte en 1845 dans le vallat de Lacombe par les concessionnaires de Montgros, dans le but de retrouver les couches du Mazel ; ces travaux doivent rester sans résultat, vu qu'ils ne pénètrent encore ici que dans l'étage inférieur non charbonneux.

Nous avons dit que le fer carbonaté lithoïde disparaissait dans les assises supérieures du système moyen ; dans celui-ci, on n'en retrouve plus de traces. Aussi, l'absence ou la présence de cette substance minérale nous semble-t-elle un caractère excellent pour aider à déterminer les divers étages de la formation houillère.

Allure générale des couches, failles et plissements. — Les trois systèmes que nous venons de décrire sont placés à niveaux décroissants les uns au-dessous des autres, c'est-à-dire disposés de manière que l'étage inférieur occupe la position la plus élevée de la région houillère, et

le supérieur la plus basse. Aussi le bassin houiller d'Alais,
pris dans son ensemble, n'est-il, à proprement parler,
qu'un immense affleurement dont les couches, modelées
sur le terrain schisteux ancien, courent dans une direction à peu près N.S. et plongent sous une pente moyenne
et générale de 30 à 40 degrés vers l'E., où elles disparaissent sous le terrain triasique qui les recouvre en stratification discordante.

Jusqu'à présent ce bassin a joui d'une réputation de
régularité qui semble disparaître de jour en jour devant
une étude plus approfondie. On y observe en effet des
failles et des plissements assez nombreux qui viennent
souvent interrompre cette apparente régularité et rendre
la connaissance de ce bassin plus difficile qu'on ne le croit
communément.

Ces accidents de dislocations ou de fractures sont de
deux sortes : les premiers et les plus anciens courent à
peu près du N. au S. ; les seconds et les plus modernes
se dirigent environ de l'E.S.E. à l'O.N.O.

Nous avons déjà vu que, dans le vallon de la Grand'-
Combe, il existe un immense pli, en forme de selle, qui
a rejeté vers l'E., à un niveau très-inférieur, la couche
sans nom, que nous avons dit n'être autre que la continuation de la couche de Champclauson, qui appartient au
système moyen.

Aux mines de Saint-Martin on observe encore un plissement remarquable courant dans le même sens, et formant une selle régulière à deux pendages, dont la partie
supérieure, où le dos d'âne, se trouve tronquée en partie,
notamment du côté du vallon de Fontane. Cette première
nature de dislocation paraît de préférence avoir affecté le

système inférieur et moyen avant leur complète solidification, et semble aussi, dans certains points, avoir eu lieu antérieurement au dépôt du système houiller supérieur.

Ce plissement N.S. nous paraît être en grande partie le résultat du soulèvement général du bassin, qui a eu lieu de manière à porter toute la lisière occidentale à un niveau infiniment plus élevé que l'orientale ; en effet, cette première bande atteint à la montagne de la Pignède-de-Portes jusqu'à une altitude de 747 mètres, tandis que celle de l'E. ne s'élève guère qu'à une altitude moyenne de 300 mètres. Il en est résulté que les couches, se trouvant naturellement arc-boutées vers l'E., par l'effet de leur position inclinée, ont dû glisser de ce côté et se replier sur elles-mêmes au moment du soulèvement, de manière à former le grand pli qui s'observe notamment dans le centre du bassin méridional.

Enfin, dans ces derniers temps, M. Constantin Czyskowski, ingénieur garde-mine à Alais, qui a bien voulu être souvent notre compagnon de voyage, pour expliquer l'absence du système moyen charbonneux vers l'extrémité N. du bassin de la Cèze, suppose que le même plissement qui existe dans la vallée de la Grand'Combe se reproduit probablement encore dans la partie septentrionale du bassin ; de telle sorte que l'étage charbonneux du système moyen se trouverait encore ici, par l'effet d'une faille, rejeté à l'E. à un niveau très-inférieur, où il serait recouvert par le système schisteux. Cette théorie ingénieuse nous paraîtrait en ce moment la seule propre à expliquer d'une manière naturelle la disparition subite du système moyen dans cette partie du bassin ; mais nous croyons cependant qu'elle a besoin, pour être définitivement adoptée, de se voir appuyée par de nouvelles observations.

La seconde nature de dislocation qui a affecté le terrain houiller se trouve dans une direction oblique à la première; elle paraît être d'une époque beaucoup plus récente, évidemment postérieure au dépôt du trias et du terrain jurassique, puisque ces terrains ont été contournés et disloqués en beaucoup de points; nous citerons comme exemple la faille du vallat de la Roncière, entre Rochebelle et Cendras, qui court de l'E.S.E. à l'O.N.O. Le relèvement du terrain houiller, formant dans le lit de la rivière au Moulinet, près les Salles de Gagnières, une selle dont la direction est N. 123° E., et la faille du Mazel, qui est au contact du terrain jurassique et qui court à peu près dans la même direction, appartiennent également à cette même série de dislocations.

Distribution des végétaux fossiles. — Nous avons vu précédemment que chacun des trois systèmes houillers est composé de deux étages : un inférieur stérile et un supérieur charbonneux, d'où il résulte qu'il doit y avoir eu, pendant la période houillère, une espèce d'intermittence dans la production des végétaux qui ont donné naissance, par leur accumulation, aux couches de combustible, et que chacune de ces périodes de repos, représentée par les étages stériles, semble avoir, pour ainsi dire, préludé à un développement plus intense dans la végétation, et avoir servi d'intermédiaire entre l'anéantissement et l'apparition de certaines espèces végétales. En effet, l'étude comparée de la flore des diverses couches du ter-

3

directement sur le schiste talqueux. Le minerai du Travers et celui de la Côte-de Long, réunis dans une proportion de 1/4 Côte-de-Long, produisent aux fonderies de Bessèges 41,50 p. 100.

Enfin, nous citerons encore, comme exemple de gite de fer hydraté dans le trias, la couche, peu importante à la vérité, qu'on observe près de la Grand'Combe sur la rive droite du Gardon, vis-à-vis la Levade, ainsi que le gisement de Saint-Jean-du-Pin, de Cendras, et du vallon de Fontane ; ces deux derniers ont été exploités pendant quelque temps par les fonderies d'Alais.

Nous ferons observer que ce n'est point à des causes purement neptuniennes que l'on doit rapporter ces dépôts ferrugineux; car, en les examinant dans leur ensemble, il est permis de conclure, de la répétition constante de ces minerais de fer à une hauteur donnée et sur des points assez éloignés les uns des autres, que, durant la période triasique, il a dû surgir des sources ou des vapeurs minérales dont les produits se déposaient régulièrement dans le fond des mers, au milieu de la marche de la sédimentation générale de ce terrain.

Le trias contient très-fréquemment de petits filons de substances métalliques. C'est ainsi que dans le vallon de Beaux-Abris, près Saint-Jean-du-Gard, nous avons rencontré, dans les calcaires de ce terrain, de petits filets de zinc sulfuré qui se croisent en tous sens. Au Vigan, aux mines de houille de Cavaillac, en creusant le puits Hamond, on a trouvé dans un grès marneux jaunâtre de petites cavités tapissées par des aiguilles très-fines et très-blanches de zinc carbonaté.

Les anciennes mines de plomb sulfuré argentifère de

Laval, près le Mas-Dieu, sont également situées dans les calcaires du trias. Il paraîtrait, par les immenses déblais qui les entourent, que ces travaux ont été considérables. . La tradition populaire rapporte que ces mines ont été exploitées par les Anglais. Et, en effet, les savants auteurs de l'*Histoire du Languedoc*, dom Vayssette et Claude de Vic, nous apprennent qu'elles furent découvertes en 1343, époque à laquelle la Guienne, qui s'étendait jusqu'aux Cévennes, était assujétie à la domination anglaise.

Nous avons vu précédemment que le poudingue inférieur contenait à Carnoulès, près Alais, du plomb sulfuré argentifère. Dans un essai fait à l'usine de Vialas, 86 tonnes de ce minerai n'ont produit que 1,800 kil. de plomb et 7 kil. 2 hect. d'argent.

Enfin, nous indiquerons que le manganèse oxydé se trouve aussi quelquefois sublimé dans les fissures des grès triasiques, notamment à Camprieu, commune de Saint-Sauveur-des-Pourcils, et aux environs de Meyrueis. Dans cette commune, au quartier de *Cabanals,* nous avons rencontré des fragments assez volumineux de cette substance ; gisement qui nous paraît susceptible d'exploitation.

Les marnes triasiques renferment, près d'Alzon (arrondissement du Vigan), des géodes de quartz agate calcédoine, ordinairement blanchâtre, mais dont la couleur participe en général de celle des couches qui les contiennent. Ces géodes, dont le volume varie depuis la grosseur du poing jusqu'à celle de la tête, sont mamelonnées à la surface ; leur cavité, généralement petite, est tapissée de cristaux de quartz hyalin prismés et de chaux carbonatée. A Seyres, près les Vaus, on trouve aussi des concrétions de la stratification, des stries parallèles qui, par leur disposition et par leur forme, semblent analogues à celles des feuilles de *Nœggerathia*. A Bessèges (couche Saint-Auguste), ces feuilles sont accompagnées de fruits de forme ovale allongée, qui pourraient bien, d'après l'opinion du savant auteur de l'histoire des végétaux fossiles, appartenir à ce même végétal.

Enfin, nous signalerons dans ce système des empreintes très-remarquables trouvées dans cette même couche par M. Chalmeton, directeur des mines de Bessèges ; ce sont des tiges dont les extrémités, contournées sur elles-mêmes, offrent assez bien l'aspect d'un bouquet de plumes. M. Adolphe Brongniart, à qui nous avons communiqué ces singuliers végétaux, croit qu'ils pourraient bien être des tiges de lycopodiacées à l'état de bourgeon, ou peut-être des bractées analogues à celles qui se développent chez les cycadées.

Système moyen. — Le système moyen est aussi très-abondant en empreintes végétales ; nous y avons rencontré :

ÉQUISÉTACÉES.

Calamites Suckowii (Ad. Brong.). Couche Ste-Illide et St-André à Bessèges, Velours, Grand'Combe.

FOUGÈRES.

Cyclopteris trichomanqides (Ad. Brong.) . . . . — Champclauson , Puits Lavernède aux Salles de Gagnières.

Nevropteris gigantea (Stern.) . . — Puits Lavernède.

Pecopteris Candolliana (Ad. Brong.) . . . . — Velours.

— *Biotii* (Ad. Brong.) . . . . — Minette à la Grand'Combe.

Pecopteris oreopterides (Stern.). Couche Minette, les Bosquets, Grand'-
Combe, St-Martin, près Alais.

— *polymorpha* (Ad. Brong•). — St-André, les Bosquets, Velours,
St-Martin.

— *aquilina* (Ad. Brong.).... — Champclauson.

— *chærophylloides* (Ad.
Brong.)............... — Cantelade, Grand'Combe.

Caulopteris peltigera (Ad.
Brong.)............... — St-Illide.

— espèce inédite , à disques
d'insertion ovales très-
allongés.............. — St-Illide.

Sigillaria orbicularis (Ad.
Brong.).............. — Grand'Combe.

— *Defrancii* (Ad. Brong.) ..... — Bessèges.

— *Menardii* (Ad. Brong.) .... — St-André.

— *obliqua* (Ad. Brong.)...... — Velours.

MARSILLIACÉES.

Sphenophyllum quadrifidum.... — Bosquets , Velours , Cendras
couche inférieure.

VÉGÉTAUX DONT LA CLASSE EST INCERTAINE.

Annularia minuta............. — Velours.

— *brevifolia*................ — St-Illide , Velours, Puits Lavernède, St-Martin.

— *longifolia*................. — Les Bosquets , Velours, Minette ,
Champclauson , St-Martin.

Volkmannia erosa.............. — Puits Lavernède aux Salles.

Nœggerathia foliosa (Stern.) .... — Champclauson, Rochebelle.

Système supérieur. — Le système supérieur renferme
des espèces variées, dont la majeure partie se rapporte à
des plantes herbacées ou à des arbres voisins de nos
conifères. On y trouve les espèces suivantes :

FOUGÈRES.

Sphenopteris .... Brousses et Molières.

Nevropteris flexuosa (Stern.)... — Mazel.

faire rechercher ce qu'elle pouvait avoir de fondé. Mais j'avoue que, jusqu'à présent, je n'ai trouvé aucun fait bien concluant en faveur de cette nouvelle hypothèse, et qu'au contraire l'absence, dans ce calcaire, de tout fossile qu'on puisse regarder avec certitude comme caractéristique du muschelkalk, et sa liaison intime avec le lias, nous engagent à continuer de le regarder comme faisant partie du terrain jurassique, dont il formera peut-être un jour un membre nouveau.

Puissance et composition. — Cet étage atteint dans les Cévennes une épaisseur de 15 à 20 mètres ; il est formé, à la partie supérieure, par un calcaire compacte, en général d'un gris mat cendré, quelquefois d'un gris de fumée assez foncé, à cassure conchoïdale, et qu'on distingue facilement, avec un peu d'habitude, du calcaire à gryphées ; ce calcaire forme de petites couches nettement stratifiées de 10 à 15 centimètres d'épaisseur.

Paléontologie. — Dans la partie inférieure, l'infra-lias devient très-marneux et contient beaucoup de coquilles fossiles, la plupart nouvelles et distinctes de celles du lias. Malheureusement le plus grand nombre n'est pas très-déterminable, parce qu'elles sont souvent à l'état de moules.

Les peignes y forment les fossiles dominants ; ils nous ont paru se rapporter au *Pecten Lugdunensis* et au *Pecten Valoniensis*, et à trois ou quatre autres espèces inédites. Nous y avons rencontré un *Mytilus* qui nous a semblé offrir quelque analogie avec le *Mytilus socialis* du muschelkalk, le *Diadema seriale* (Agassiz) qui, comme on sait, est très-caractéristique du choin-bâtard au Mont-d'Or lyonnais, un petit Plagiostome strié, très-commun dans cet étage, et qui nous paraît constituer une espèce nouvelle. Nous y avons recueilli très-abondamment une petite *Ostrea*, que nous présumons être celle de l'infra-lias lyonnais et que M. Leymerie rapporte à la gryphée arquée, jeune âge ; cette espèce rappelle effectivement la gryphée arquée par sa forme générale, mais s'en distingue par l'absence du crochet proéminent et recourbé, et par l'existence d'un point d'attache constamment placé au sommet de la valve inférieure. Nous avons également rencontré dans cet étage l'*Ammonites Torus*, que M. Alc. d'Orbigny cite (*Paléontologie française* : Terrain jurassique, tom. I, pag. 213) comme caractérisant avec la *Gryphæa arcuata* les grès inférieurs du lias à Valognes (Manche) et à Zinsweiller (Bas-Rhin) ; et de plus, une autre petite espèce d'Ammonite lisse et très-aplatie, à lobes également dentelés, caractère qui, comme on le sait, ne se retrouve pas dans les Ammonites du muschelkalk, qui se rapportent toutes à la famille des Goniatites de M. Léopold de Buch.

Près des Vans, M. Jules de Malbos a trouvé dans ce calcaire une empreinte de poisson à écailles carrées, qui n'a pu être encore déterminée. Un autre poisson de même nature, de 10 centimètres de longueur, avait été trouvé quelques années auparavant dans la même commune, près Pallières ; il fait dans ce moment partie de la collection publique de la ville d'Annonay.

Nous y avons recueilli aussi quelques articles de crinoïdes distincts de ceux de l'*Encrinites moliniformis* du muschelkalk et de ceux du *Pentacrinites basaltiformis* de notre calcaire à gryphées. Enfin, nous ferons remarquer que nous n'avons pas encore rencontré dans cet étage la plus la plus riche en combustible ; elle est aussi la mieux connue, parce que c'est là que se trouvent les centres d'exploitation les plus importants : la Grand'Baume, la Grand'Combe, Champclauson et la Levade.

On connaît dans ce bassin vingt couches de houille, qui presque toutes sont en exploitation ou susceptibles d'être exploitées ; les sommes réunies de leurs épaisseurs moyennes donnent environ 40 mètres ; mais nous ferons observer que cette puissance de combustible est bien loin de s'étendre régulièrement sur toute la surface du bassin.

D'après des appréciations faites sur les lieux, afin de tenir compte de la manière dont ces couches sont distribuées et des surfaces qu'elles occupent, nous pensons que le chiffre de 40 mètres peut être réduit en moyennne tout au plus à 10 mètres, représentant l'épaisseur réelle de la houille qui est censée recouvrir toute la superficie du bassin méridional.

La partie visible du bassin houiller y étant de 36 kilomètres carrés, fixant à 10 mètres l'épaisseur moyenne du combustible, on trouve qu'il contiendrait en volume 366,000,000 mètres cubes de houille. Le mètre cube de houille pesant 890 kilogrammes, on aurait en poids 320,400,000,000 kilogrammes, ou 320,400,000 tonnes.

Aujourd'hui, la Compagnie des mines de la Grand'-Combe et chemins de fer du Gard extrait 100,000 tonnes de houille par jour ; il en résulte qu'il faudrait 320,400 jours ou 877 ans 295 jours pour extraire tout le combustible compris dans cette partie du bassin d'Alais. Et si nous supposons que d'ici à quelques années le chiffre de l'exploitation vienne simplement à doubler, ce qui certes est dans toutes les probabilités, cet espace de temps se trouverait encore diminué de moitié, c'est-à-dire réduit à 438 ans 330 jours.

Voici une autre donnée sur la richesse en combustible du terrain houiller prise à Bessèges où est située la partie la plus riche du bassin de la Cèze. Ces mines sont le centre d'une exploitation importante ; elles alimentent une forge et deux hauts-fourneaux, et on y extrait annuellement 60,000 tonnes de combustible. La somme totale de la puissance des douze couches qui se trouvent dans cette concession s'élève à $16^m,10$; mais la partie visible du terrain houiller n'y occupe qu'une surface de 191 hectares 97 centiares, ce qui donne un volume de houille de 30,907,170 mètres cubes, et en poids de 27,507,381,300 kilogrammes ; soit 27,507,381 tonnes 3/10 ; de telle sorte qu'il faudrait 458 ans 1/2 pour extraire complètement toute la houille qui existe dans cette concession, en supposant que l'extraction annuelle restât toujours la même.

Et maintenant, si l'on considère que la marche croissante de notre industrie dans le midi de la France, que les grandes lignes de chemins de fer qu'on y exécute, que l'essor de notre navigation à vapeur dans la Méditerranée et celui de notre commerce dans le Levant, sont intimement liés à l'aménagement du bassin d'Alais, l'on se demande, en présence de tels besoins, quel sera, dans quelques années, le chiffre de la consommation annuelle de ce combustible, et l'on reste pour ainsi dire effrayé du peu de durée que présentent en général tous les dépôts houillers et du sort réservé à l'industrie si elle était tout à coup privée d'un moteur aussi précieux. Mais, d'un autre côté, l'on se rassure à la pensée de l'infatigable activité de l'esprit humain, qui, dans sa marche progres-

Littorina (moules). Bildoire, Clet.

Melania (moules). Bildoire.

Diadema seriale (Agassiz). (*Mém. Soc. géol. de France*, 1re série, tom, III, pl. XXIV, fig. 1.) Pradinas, le Fesq, près la Grand'Combe.

Pentacrinites (quelques articles seulement). Chaylard, le Pradel, Clot

Zoophyte du genre *Cyathophyllum*. Chaylard, le Pradel, Clet.

Ichthyolithe. Les Vans.

Fucoïdes. Mentaresle, près Banne (Ardèche).

Dolomie infra-liasique. Première zone dolomitique.

Immédiatement au-dessus de l'infra-lias proprement dit, et en stratification concordante, on trouve une série d'assises de calcaire plus ou moins magnésien, formant des couches de $0^m,50$ à 1 mètre d'épaisseur, nettement stratifiées, régulières et bien continues. Cette dolomie est toujours compacte, solide, à grains fins et serrés, pesante, et se désagrége assez difficilement par l'effet des agents atmosphériques. La puissance de cet étage dolomitique est considérable ; nous l'estimons moyennement à 100 mètres. Nous n'y avons pas observé la plus petite trace de débris organiques fossiles.

Ce puissant dépôt de dolomie étant d'une part intimement lié à l'infra-lias, avec lequel il alterne même quelquefois au point de contact (Bildoire, près Banne, Ardèche), et d'un autre à l'étage du calcaire à gryphées avec lequel il se lie d'une manière insensible, nous avons cru devoir le considérer comme un étage particulier de la formation du lias, et le désigner sous le nom de *Dolomie infra-liasique* ou de *première zone dolomitique.*

C'est dans cette dolomie que sont ouvertes la plupart des cavernes des environs de Mialet, près d'Anduze, et la belle grotte du cap de Rieusset, près d'Alais.

La dolomie infra-liasique étant intercalée entre deux étages de calcaires non magnésiens, il est probable qu'elle a une origine sédimentaire, et qu'elle est due à des émanations ou à des sources magnésiennes qui ont surgi au fond des mers pendant la période de ce dépôt.

Cet étage dolomitique se retrouve partout dans les Cévennes, à la base du calcaire à gryphées. Il est surtout très-développé aux environs de Saint-Hippolyte-le-Fort, notamment sur le revers N. de la montagne de la Fage, ainsi que dans la vallée du Gardon de Mialet, et dans celle de la Cèze, au-dessus de Saint-Ambroix.

La couleur de cette dolomie, dans ces diverses localités, est, en général, d'un gris assez foncé ; mais vers l'O. du département du Gard, du côté du Vigan, elle éprouve un changement de couleur très-remarquable : elle devient d'un blanc jaunâtre très-clair, ainsi que les calcaires qui lui sont subordonnés. Cet étage nous paraît avoir les plus grands rapports avec les assises désignées en Angleterre sous le nom de *lias blanc*.

La partie moyenne de la montagne de Tessonne et du pic d'Esparon, près le Vigan, est composée de ces dolomies et de ces calcaires blanchâtres, et on observe qu'ils y sont immédiatement recouverts par l'oolite inférieure, le calcaire à gryphées venant à manquer dans cet endroit. On y exploite, à Molières, des pierres de taille très-estimées, employées au Vigan pour les constructions. Le lias blanc se retrouve encore dans le département de l'Aveyron, entre Nant et Saint-Jean-du-Bruel ; la partie moyenne du Causse-de-Lacan-de-l'Hospitalet (Lozère) en est également composée sur une épaisseur d'environ 100 mètres ; il y est recouvert par quelques mètres seulement de calcaire à

C'est ainsi que près d'Alais, entre le Mas-Dieu et le hameau du Pradel, près la Teulière, on voit les assises inférieures du lias venir s'appuyer, en stratification légèrement discordante, sur les grès triasiques qui recouvrent dans ce point le terrain houiller. Aux environs de Saint-Hippolyte-le-Fort, entre Cros et Monoblet, aux mines de gypse de la Balme, sur la route de La Salle, on observe les marnes supra-liasiques qui viennent buter directement sur les grès triasiques disloqués, soulevés et plissés en forme de selle (fig. 3). A l'E. de ce point, vers le Cayla, aux mines de gypse du Puech, on retrouve encore la même disposition. Enfin, à Pierre-Morte, près Saint-Ambroix, on observe le trias directement recouvert par les marnes oxfordiennes et le lias venant buter en stratification discordante contre ce terrain. La coupe (fig. 4) fait voir la disposition de ces divers étages jurassiques, et démontre d'une manière évidente l'indépendance du trias.

Ce terrain est assez variable dans sa composition : il est formé de couches alternantes de conglomérats, de poudingues, de calcaires compactes et magnésiens, de grès, de sables et de marnes argileuses ; il renferme aussi du gypse et du fer hydraté, en amas ou en couches subordonnées. Nous allons décrire successivement ses différentes parties constituantes :

Le *conglomérat* est formé des éléments désagrégés du terrain granitique ; il occupe toujours la base du système (hameau de Vidourle et Saint-Bonnet, près La Salle).

Les *poudingues* sont formés de cailloux de quartz blanc, quelquefois d'un volume considérable, mais le plus ordinairement de la grosseur d'un œuf ou du poing ; ces cailloux sont réunis par un ciment très-cohérent qui paraît être argileux ou feldspathique. Leur surface est le plus souvent colorée, ainsi que le ciment, en rouge ou en brun, par l'oxyde de fer (montagne de Pallières). L'épaisseur de cette assise est en général de 3 à 4 mètres ; elle forme un très-bon horizon géognostique, et se retrouve presque partout à la base de ce terrain.

Ce poudingue contient, à Carnoulès, près Alais, du plomb sulfuré argentifère, qui est venu se sublimer dans les interstices de ses éléments quartzeux. C'est la même couche qui, plus au S. à Pallières, près Anduze, se trouve injectée de fer sulfuré, dont s'alimente la fabrique de couperose de MM. Mirial père et fils, qui s'est soutenue jusqu'à aujourd'hui par l'intelligence de ces habiles industriels, malgré la concurrence des couperoses formées de toutes pièces. Dans ces deux localités, quand on examine avec soin les cailloux de quartz, quelques-uns paraissent avoir évidemment été fondus et soudés par l'effet de la température élevée où ils ont dû être portés à l'époque de l'émission de ces diverses substances métalliques.

Le *calcaire*, qui est quelquefois magnésien, se trouve placé à différents niveaux dans ce terrain, mais principalement dans la partie moyenne, où il se présente ordinairement avec une puissance de 20 à 30 mètres. Il est grisâtre ou jaunâtre, très-compacte et très-dur, et présente souvent un accident assez remarquable (Saint-Jean-du-Gard, Saint-Bonnet) : c'est d'être criblé de petites cavités quelquefois vides et géodiques, mais le plus ordinairement remplies de spath calcaire ; il est alors d'un gris foncé, moucheté de blanc, d'un très-bel effet, et pourrait être exploité comme marbre (vallon de Beaux-Abris, près Saint-Jean-du-Gard). Enfin, nous ferons remarquer rieure, qui, vus à une certaine distance, offrent absolument la même apparence.

La silicification du calcaire à gryphées paraît être due à des sources d'eau chaude, chargées de silice, qui surgissaient successivement pendant la période de ce dépôt. Les calcaires silicifiés forment assez généralement deux bandes dans cet étage : l'une placée à la partie moyenne, et l'autre à la partie supérieure (M^t. de la Sube) (fig. 4).

Il résulte de cette abondance de silice que les débris organiques fossiles qu'on rencontre dans le calcaire à gryphées sont presque tous passés à l'état siliceux. Et il est assez naturel de penser que les éruptions de cette substance ont contribué à la destruction instantanée de tous les animaux qui vivaient à cette époque.

Voici la liste des fossiles les plus caractéristiques qu'on rencontre dans cet étage :

Belemnites Bruguierianus (d'Orb., *Pal. fr.*, pl. VII., fig. 1—5).
    Fressac, la Leque.
— *acutus* (Miller). (*Pal. fr.*, pl. IX, fig. 8 —14.) Sube, près Courry;
    Montesorgue, près Mialet.
Ammonites fimbriatus (Sow.). (d'Orb., *Pal. fr.*, pl. XCVIII.) Valz,
    Fressac.
— *bisulcatus* (Brug.). (d'Orb., *Pal. fr.*, pl. XLIII.) Mialet, Durfort.
— *Becheii* (Sow.). d'Orb., *Pal. fr.*, pl. LXXXII.) Valz.
— *Davœi* (Sow.). (d'Orb., *Pal. fr.*, pl. LXXXI.) Valz.
— *Birchii* (Sow.). (d'Orb., *Pal. fr.*, pl. LXXXVI.) Valz, Fressac.
— *radians* (Schlot.) (*Pal. fr.*, pl. LIX.) Fressac.
Spirifer Walcotii (Sow., pl. CCCLXXVII, fig. 2). Mém. Léopold de
    Buch, pl. X, fig. 28. Mialet, Durfort, Montesorgue.
— *rostratus* (Schl.). (Mém. L. de Buch, *Soc. géol. de France*, pl. X,
    fig. 24.)
— *tumidus* Mém. L. de Buch, pl. X, fig. 29). Mialet, le Puech, près
    Banne.
Terebratula acuta (Sow.). (Mém. L. de Buch, pl. XIV, fig. 11.)
    Bleymard (Lozère).

— *bidens* (Phil., pl. XIII, fig. 24). Lacan-de-l'Hospitalet (Lozère).

— *triplicata* (Phil.). (Mém. L. de Buch, pl. XIV, fig. 9.) Bleymard.

— *numismalis* (Lamk.). (Mém. Léop. de Buch, pl. XVII, fig. 4.). Mialet, Lacan-de-l'Hospitalet.

— *vicinalis* (Schl.) (espèce voisine du *digona*). Mialet, Bleymard ; Sube, Mont. La Fage.

— *ornithocephala?* (Sow., pl. CI, fig. 1 à 4). Mont. la Fage, près Sumène.

Gryphœa arcuata (Incurva Sow., pl. CXII, fig. 1). Mialet, Mont. la Fage, Robiac, etc.

Pecten œquivalvis (Sow., pl. CXXXVI, fig. 1). Mont la Fage, Bleymard.

Marnes supra-liasiques.

Le dépôt que nous venons de décrire est surmonté, dans un grand nombre de points, par les marnes supérieures du lias. Cet étage se divise, dans les endroits où il a acquis un grand développement, en deux assises distinctes.

L'inférieure est composée de marnes noires bitumineuses, très-solides, schisteuses et consistantes ; quelques variétés sont tellement tenaces qu'on peut les diviser, comme l'ardoise, en feuillets excessivement minces ; ce sont les schistes de Boll. On voit fréquemment, entre les feuillets de la marne bitumineuse, du fer sulfuré et des portions de bois bitumineux ou lignite, en plaquettes peu étendues. Ce lignite donne en brûlant une fumée noire et épaisse; on pourrait en tirer parti comme combustible, s'il existait en assez grande quantité pour être exploité avec avantage; mais des recherches faites près Monoblet, en 1829, au Bancal et sous le Cayla, à Générargues près Anduze, à Saint-André-de-Buéges (Hérault), et en beaucoup d'autres lieux, n'ont donné aucun indice de gites utilement petits cristaux de quartz prismatiques, terminés des deux côtés ; ils sont opaques, et les plus gros ont jusqu'à un centimètre de longueur. Dans les carrières de Saint-Bonnet, on rencontre dans la masse de gypse blanc de petites couches non continues de karsténite blanche, à très-petites lamelles ; les ouvriers le désignent sous le nom de *lamelou*. Quant à ces amas de gypse, il est assez difficile d'expliquer leur origine d'une manière bien satisfaisante ; cependant rien n'indique que ces gypses proviennent d'une modification ignée, sur place, des calcaires, au moyen de l'action directe de l'acide sulfurique et des vapeurs hydro-sulfureuses ; l'inspection de ces divers dépôts prouve que ces gypses sont le plus souvent inter-calés entre des calcaires normaux dolomitiques, ce qui tend à faire présumer que ces sulfates ont été amenés par des sources minérales ou par des vapeurs ignées qui sortaient de l'intérieur du globe pendant que le trias était en voie de formation.

On trouve le gypse triasique dans un grand nombre de points du département du Gard, surtout dans la bande de trias qui borde le massif granitique méridional des Céven-nes. Il est exploité dans l'arrondissement du Vigan, no-tamment dans les communes d'Arigas, de Molières, de Saint-Bonnet, de Vabres, de Monoblet et de Saint-Félix-de-Pallières. Dans l'arrondissement d'Alais, on le trouve à Saint-Jean-du-Gard, et près d'Anduze à la porte du Pas et dans le vallon des Gypières, ainsi que dans la commune des Salles-du-Gardon, à la Terisse, à Corbessas, et à Molières près Saint-Ambroix.

Fer hydraté de Bessèges. — Enfin on observe dans ce

terrain, principalement dans l'arrondissement d'Alais, des couches subordonnées de fer hydraté. C'est ce minerai qui sert à alimenter en grande partie les belles fonderies de Bessèges; il s'exploite principalement à la montagne du Travers, où il forme deux couches séparées par une épaisseur de grès de 10 mètres. La couche supérieure a de 1^m,50 à 2 mètres d'épaisseur; l'inférieure, composée de fer hydraté très-quartzeux, dit *minerai rude*, ne présente qu'une puissance de 0^m,50 à 0^m,60. Ces couches inclinent vers l'O. sous une pente de 35 à 40°, et se retrouvent, près de là, dans le vallon de Malagra, environ à 150 mètres au-dessous de l'exploitation précédente.

Près de Bordezac, sur le petit plateau de trias qui s'avance sous forme de promontoire vers l'E. de ce village, au milieu du terrain houiller et près du Mas de la Côte-de-Long, on exploite trois couches de minerai. La première, ou la supérieure, varie dans son épaisseur de 2 jusqu'à 10 mètres; elle est superficielle et n'est connue que dans cette localité. La seconde a 1^m,50; c'est probablement la même que celle qui est exploitée à la montagne du Travers et dans le vallon de Malagra. Cette couche est également reconnue, au N. de Bordezac, sous le Mas de la Minière et au-dessus de la maison Castanier. La troisième couche, ou l'inférieure, composée de minerai rude ou très-siliceux, correspond à la couche inférieure du Travers et de Malagra. Dans la plaine des Champs, à côté de Bordezac, on retrouve cette même couche qui repose dans cette localité presque sur le terrain houiller. Près de là, dans le vallon des Mourèdes, on la rencontre encore; mais dans ce point, comme le terrain houiller vient à manquer, l'on observe que cette couche repose presque rain houiller d'Alais nous a démontré que ces couches pouvaient être caractérisées par la présence, l'absence ou l'extrême rareté de certaines espèces végétales, et que les trois systèmes que nous venons de décrire présentaient chacun un ensemble de végétaux particuliers.

Système inférieur. — C'est ainsi que dans le conglomérat qui sert de base au système inférieur, on n'observe qu'un très-petit nombre d'espèces ; à cette époque, la végétation, à son début, devait être moins abondante et très-peu variée dans les espèces ; aussi les couches de combustible y sont-elles très rares ; elles sont ordinairement très-minces et anthraciteuses, par cette raison très-peu exploitées, et par conséquent les fossiles moins bien connus. Cet étage ne nous a encore offert que quelques tiges de Sigillaires, indéterminables à cause de leur peu de conservation.

L'étage charbonneux du système inférieur est déjà très-riche en fossiles ; on y rencontre surtout très-abondamment ces grandes tiges qui annoncent une végétation arborescente très-puissante.

Nous y avons rencontré les végétaux suivants :

ÉQUISÉTACÉES.

Calamites cannæformis (Ad. Brong.). Couche Abylon, bassin mérid

FOUGÈRES.

Nevropteris cordata (Ad. Brong.) ... — St-Auguste à Bessèges.
Pecopteris polymorpha (Ad. Brong.). — St--Auguste , Ste-Barbe et
St-Christophe à Bessèges.
— *Grandini* (Ad. Brong.)....... — St-Auguste , Abylon.
— *cyanthæa* (Ad. Brong.) ...... — St-Auguste, Grand'Baume.
— *arborescens* (Ad. Brong.).... — St-Auguste.
— *cristata* (Ad. Brong.)........ — St-Auguste.

Sigillaria [1] *tessellata* , var. Y. (Ad.
    Brong.)................. — Ste-Barbe.
  — *Candollini* (Ad. Brong.)...... — Grand'Baume.
  — *elliptica*, var. B. (Ad. Brong.). — Ste-Barbe.
  reniformis (Ad. Brong.) .... — Ste Barbe.
Stygmaria..................... — A la Blachère, près Portes.
Syringodendron (Stern.)........... — Ste-Barbe.

VÉGÉTAUX DONT LA CLASSE EST INCERTAINE.

Asterophyllites rigida (Ad. Brong.)... — St-Auguste, Abylon.
Gros troncs à épiderme finement strié. — Ste Barbe.

On trouve aussi dans cet étage de très-grandes feuilles
spatuliformes, striées dans le sens de leur longueur, dont
M. Sternberg a fait son genre *Nœggerathia*, qu'il a classé
parmi les palmiers, mais qui, d'après l'opinion de M. Ad.
Brongniart, devrait être rapporté de préférence aux cycadées ou du moins à un genre très-voisin. Ces feuilles,
qu'on rencontre très-communément dans le toit de la
couche de la Grand'Baume et à Bessèges dans celui de la
couche Saint-Auguste, existent également encore à la base
de l'étage charbonneux du système moyen ; le toit de la
couche Champclauson est presque entièrement formé par
les empreintes de ce végétal, mais dans les couches supérieures nous n'en avons plus retrouvé de traces. La houille
elle-même de quelques-unes de ces couches, surtout celle
de Champclauson, présente, quand on la casse dans le sens

[1] M. Adolphe Brongniart considère aujourd'hui les *Sigillaria* et les
Stygmaria comme constituant une famille spéciale entièrement détruite,
appartenant probablement à la grande division des Dicotylédones gym-
nospermes, voisine des Cycadées, mais dont on ne connait encore ni les
feuilles ni les fruits. Les *Caulopteris* ou Sigillaires de la 1re section de
son *Histoire des végétaux fossiles* restent les seuls représentants des
tiges de fougères arborescentes. (*Observations sur la structure intérieure
du* Sigillaria elegans. — *Archives du Muséum d'histoire naturelle.*)

semblables, mais dont l'intérieur se trouve rempli ; elles contiennent parfois dans le centre un noyau de zinc sulfuré.

Le terrain jurassique forme une vaste ceinture tout autour des terrains anciens des Cévennes, sans doute déjà émergés, et qui faisaient probablement une saillie assez élevée au-dessus des mers, pendant la période de ce dépôt.

Ce terrain se compose d'une longue série de calcaires, de dolomies, de marnes et de schistes argilo-calcaires, alternant ensemble et formant un tout tellement lié qu'il est souvent très-difficile d'y établir de bonnes coupes naturelles. Ce système est très-puissant; son épaisseur totale peut être évaluée environ à 980 mètres.

Il correspond à deux des grandes divisions du terrain jurassique, savoir : au système oolitique et à celui du lias.

Système du lias. — Le lias se divise dans les Cévennes en quatre étages, distincts par leurs caractères minéralogiques et par les débris organiques qu'ils renferment. Voici leurs noms et leur puissance, en commençant par l'étage supérieur.

Étage supérieur :	Marnes supra-liasiques..	Puissance.	100 mèt.
Étage moyen........................		—	20
	Calcaire à gryphées...	—	280
Étage inférieur.	Dolomie infra-liasique..	—	100
	Infra-lias............	—	20
	Puissance totale du lias..........		520

Infra-lias. — Les assises inférieures du lias, qui re-

posent immédiatement sur le trias, sont très-remarquables ; elles forment un étage particulier qui, déjà en
1839, a été signalé sous le nom d'*infra-lias* par M. Leymerie, dans sa description du système secondaire du
Lyonnais [1]. Dans ce mémoire, ce savant géologue fait
ressortir les caractères minéralogiques et paléontologiques
particuliers qui distinguent les assises désignées aux environs de Lyon sous le nom de *choin-bâtard* ; il y démontre que cette série de couches est parallèle à la lumachelle
de la Bourgogne, au calcaire de Valognes et d'Osmanville
en Normandie, au calcaire à gryphites inférieur de l'albe
du Wurtemberg [2], et au lias blanc des géologues anglais.
D'où il conclut que le lias, pris dans son ensemble, semble
devoir former trois étages distincts, savoir : l'*infra-lias*,
le *calcaire à gryphées* et le *calcaire à bélemnites*.

Depuis lors, une nouvelle opinion a été récemment
émise à ce sujet par M. Fournet, dans un mémoire publié
en 1845 dans les *Annales de la Société d'agriculture et
d'histoire naturelle de Lyon*. Ce géologue, frappé par les
caractères minéralogiques des calcaires qu'il a observés,
dans le département de l'Aveyron, à la base du lias, pense
qu'on doit les séparer du terrain jurassique et les considérer comme les représentants du muschelkalk, dans le
midi de la France. Cette opinion, qui m'avait été com-
muniquée verbalement par ce savant, deux ans avant la
publication de son mémoire, a dû naturellement me faire
diriger mes études sur cette importante question, et me

---

[1] *Mém. de la Soc. géol. de France*, tom. III, 1re série.
[2] Mémoire de M. le comte F. de Mandelslohe. *Mém. de la Soc. d'hist.
nat. de Strasbourg*, tom. II.

Pecopteris oreopterides (Ad.
  Brong.) .... — Brousses.
— *dentata* (Ad. Brong.) .... — Mazel.
Sigillaria elegans , var. *exagona*
  (Ad. Brong.) .... — Mazel,Brousses.
— *Sillimanii* , var. *intermedia*
  (Ad. Brong.) .... — Mazel.

   LYCOPODIACÉES.

Lepidodendron (plusieurs es-
  pèces .... Couche Mazel, Brousses.
Lepidostrobus ou écailles de cô-
  nes du *Lepidodrendon* .. — Mazel.

   MARSILLIACÉES.

Sphenophyllum quadrifidum
  Sauv.) .... — Mazel, Brousses.

Bien que la liste des végétaux fossiles de nos divers systèmes houillers soit encore trop incomplète pour qu'on puisse en déduire des conséquences générales et rigoureuses, on voit déjà cependant que les sigillaires ont persisté dans toute la série houillère, et que les espèces de ce genre sont très-variables d'une couche à l'autre. Ces végétaux, rares d'abord à la base du terrain houiller, ensuite très-communs dans les systèmes charbonneux inférieur et moyen, deviennent de nouveau peu abondants dans le système supérieur, où nous n'avons rencontré que le *Sigillaria elegans* et le *S. Sillimanii*; ils semblent y être remplacés par le genre Lepidodendron qui caractérise surtout l'étage supérieur de la formation houillère. On voit aussi que les *Caulopteris* ou vraies tiges de fougères arborescentes ne se montrent qu'à la base de l'étage charbonneux du système moyen (couche Saint–Illide à Bessèges). On remarque encore que les feuilles de *Nœggerathia*, très-abondantes dans l'étage charbonneux du système inférieur et dans les couches de houille les plus basses du système moyen, paraissent avoir complètement disparu dans la partie supérieure du terrain houiller. Enfin, nous ferons observer que nous n'avons rencontré que dans le système inférieur le genre *Stigmaria*, plante que M. Brongniart considère comme n'étant qu'une racine de sigillaire.

D'après ces données, la puissance des couches de houille et leur qualité semblent varier en quelque sorte avec leur ancienneté et la nature des végétaux qu'on y rencontre. Aussi ne doutons-nous pas que dans la suite, lorsque l'étude des végétaux fossiles, appliquée aux diverses couches d'un bassin, sera plus avancée, elle ne serve à jeter souvent un très-grand jour sur la nature d'une exploitation naissante, en aidant à déterminer à quel étage de la série houillère appartient telle ou telle couche de combustible dont on vient d'entreprendre l'exploitation. Nous ne saurions donc trop engager MM. les ingénieurs ou directeurs d'exploitations à recueillir avec le plus grand soin, dans l'intérêt de la science, comme aussi dans l'intérêt industriel, les empreintes végétales qui se trouvent dans les diverses couches de houille, car elles pourront aider un jour à établir, par leur comparaison, les véritables relations qui existent entre les diverses couches du vaste bassin d'Alais.

Richesse du bassin d'Alais. — Nous terminerons ces notes par quelques réflexions sur la richesse en combustible de ce bassin. Examinons jusqu'à quel point il mérite l'épithète d'inépuisable, qu'on lui donne journellement.

Nous prendrons d'abord pour but de nos recherches le bassin méridional, parce que cette partie est évidemment petite trace de Bélemnites, qui sont si abondantes dans le calcaire à gryphées, mais inconnues, comme on le sait, dans le muschelkalk.

On observe aussi quelquefois, à la partie supérieure de l'infra-lias, des calcaires qui se divisent en petites plaques minces, sur lesquelles on trouve une grande abondance de coquilles turriculées (Turritelles et Mélanies ?). Cette roche offre dans quelques points, ainsi que les coquilles qui la recouvrent, des surfaces comme usées, circonstance qu'on observe également sur le choin-bâtard du Mont-d'Or lyonnais ; ce qui semblerait indiquer qu'il y a eu un point d'arrêt et qu'il s'est écoulé un assez long intervalle de temps entre ce dépôt et celui du lias proprement dit.

Nous ferons encore remarquer qu'on ne retrouve nulle part au-dessus de l'infra-lias des Cévennes l'assise arénacée désignée par M. Leymerie sous le nom de *Macigno*, qui existe au Mont-d'Or entre le choin-bâtard et le calcaire à gryphées; couche qui contient encore, mais en petite quantité, les fossiles de ce dernier calcaire, et qui paraît représenter dans cette contrée le véritable grès inférieur du lias.

L'infra-lias se rencontre, dans les Cévennes, presque partout où existe le trias. Les points principaux où nous l'avons observé sont : dans la vallée de la Cèze, Gammal près Robiac, et Clet, au-dessous de l'église de Meyrannes (fig. 4), dans la vallée du Gardon d'Alais, les Salles et le Pradel, près la Grand'Combe. On le retrouve également au Pradinas et à Majencoule, près Mialet, en venant de Saint-Jean, aux bords mêmes du Gardon.

Dans quelques points très-circonscrits, cet étage n'est recouvert par aucun autre terrain ; les petits contreforts de trias qui s'adossent à la montagne schisteuse de la Tune, entre Bordezac et Aujac, se trouvent couronnés au Chaylard et au Collet par une calotte d'infra-lias.

Dans le creux des Vans (Ardèche), l'infra-lias est immédiatemént recouvert par les marnes supra-liasiques; et un peu plus loin, vers Joyeuse, nous l'avons vu recouvert directement par les marnes oxfordiennes. Tous ces faits sembleraient indiquer une certaine indépendance dans ce système.

Voici la liste de l'ensemble des divers débris organiques de l'infra-lias :

Ammonites Torus (d'Orb., pl. LIII). Clet, près Meyrannes.
— petite espèce lisse, à cloisons persillées. Le Pradel, près la Grand'-Combe.
Pecten Lugdunensis? (Mich.). (*Mém. Soc. géol. de France*, 1re série, tom. III, pl. XXIV, fig. 5). Chaylard, près Bordezac.
— *Valoniensis?* (Defr.). (*Mém. Soc. géol. de France*, 1re série, tom. III, pl. XXIV, fig. 6.) Le Pradel.
— deux ou trois autres espèces, dont une à côtes épineuses. Chaylard.
Plagiostoma (espèce striée). Majencoule, Pradinas, Salindres, etc.
— espèce de la même grandeur, mais lisse. Clet.
Avicule, deux ou trois espèces, dont une voisine de l'*Avicula socialis* (Desh; Coq. car. des terrains, pl. XIV, fig. 5). Salindres et Pradinas, près Anduze; Gammal, près Robiac; Chaylard, etc.
Ostrea (nouvelle espèce). Le Pradel, Chaylard, Bildoire, près Banne.
Plicatula, assez grande espèce, épineuse sur la valve supérieure. Chaylard.
Modiola (moules), deux espèces.
Pholadomya (moules), deux ou trois espèces. Majencoule, près Mialet.
Pinna, fracturée, assez grande espèce. Le Pradel.
Unio (moules). Majencoule.
Venus (moules). Salindres.
Trochus (moules). Majencoule, le Pradel.
Turritella (moules). Chaylard.
Amphidesma (moules). Majencoule.

sive, prépare à l'avenir de nouvelles découvertes et les moyens de satisfaire à ses besoins nouveaux.

TERRAIN TRIASIQUE (*keuper?*).

Au-dessus du terrain houiller reposent, en stratification discordante et souvent même transgressive, des grès qui jusqu'ici ont été considérés assez généralement comme faisant partie de la formation liasique; c'est sous le nom de *grès inférieur du lias* qu'ils ont été désignés par MM. Dufrénoy et Élie de Beaumont dans la Carte géologique de France[1].

Mais, si l'on étudie attentivement les diverses assises de ce système, on ne tarde pas à reconnaître qu'il doit être placé de préférence dans le terrain triasique ; sa composition et son indépendance ne laissent bientôt plus de doute à cet égard. Aussi est-ce au trias que nous l'avons depuis longtemps rapporté, tout en restant dans une assez grande incertitude sur l'étage de ce terrain, auquel il doit appartenir. Nous ferons même remarquer qu'il est possible que ce système soit un composé, à lui seul, du keuper et du grès bigarré réunis, l'étage moyen ou muschelkalk manquant dans la contrée.

Quelle que soit l'opinion qui plus tard sera définitive-

---

[1] Dans une note insérée au *Bulletin*, nous avons émis l'opinion que, d'après les caractères pétrographiques, l'existence du minerai de cuivre à Chessy et Saint-Bel, surtout les schistes à *Palæothrissum* de Muse, près Autun, ce terrain devait être rapporté au zechstein. Si on veut absolument le rapporter au trias, il nous semble impossible de ne pas le considérer comme l'équivalent de la formation semblable, en Provence, que son infériorité bien constatée au muschelkalk a fait rapporter au grès bigarré.

(*Note de M. de* Roys.)

ment adoptée à ce sujet, nous avons cru devoir provisoirement désigner cette formation sous le nom de keuper, dans la Carte géologique du Gard ; et c'est ainsi que nous continuerons à l'appeler.

La puissance ordinaire du keuper est d'environ 80 mètres, mais elle se réduit quelquefois à 7 ou 8 mètres.

Ce terrain repose indistinctement sur le schiste talqueux, sur le granit ou sur les couches du terrain houiller, antérieurement disloquées. On l'observe tout autour du terrain ancien des Cévennes, où il forme une bande presque continue et souvent fort étroite, affleurant au-dessous du terrain jurassique ; et on le retrouve encore dans le centre de cette chaîne de montagnes, où il recouvre des surfaces assez étendues. C'est ainsi que sur le massif granitique méridional, aux environs de La Salle, du côté de Soudorgues, de Clarou et de Saint-Bonnet, on observe des calottes isolées de trias, reposant sur le terrain granitique, situées à une altitude de 5 à 600 mètres. Et vers l'extrémité occidentale du même massif granitique, sur le sommet de la montagne du Souquet, on peut voir des lambeaux de trias qui ont été soulevés jusqu'à 1300 mètres au-dessus du niveau de la mer. Enfin, dans le département de l'Ardèche, près de Saint-Paul-le-Jeune, et au N. des Vans, on observe des surfaces très-considérables de ce terrain qui ne sont recouvertes par aucune autre formation.

Tous ces faits semblent évidemment déjà dénoter entre le système que nous décrivons et le terrain jurassique une certaine indépendance encore mieux indiquée dans quelques localités par la discordance de stratification qui existe entre ces deux dépôts.

gryphées, contenant un mélange de fossiles du lias moyen.

C'est dans la dolomie infra-liasique que se trouve le filon de zinc sulfuré de Clairac, près Saint-Ambroix, dont on retrouve des traces de l'autre côté de la Cèze, près de Robiac et au hameau de Péret. C'est également dans cet étage que se trouvent en partie les filons de plomb sulfuré lamellaire de Durfort et de Saint-Félix-de-Pallières, associé à de la blende, à de la chaux carbonatée nacrée et à du spath fluor. On observe, dans ces deux localités, que ces filons remontent jusque dans l'étage du calcaire à gryphées.

Calcaire à gryphées.

Nous avons vu précédemment que la dolomie infra-liasique ou lias blanc se liait dans le haut, d'une manière insensible, au calcaire à gryphées. Ce calcaire, aux environs d'Alais, est compacte et d'un gris très-foncé, à cassure esquilleuse, et présente ordinairement, dans les cassures fraîches, de très-petits points brillants et miroitants; mais dans l'O. du département du Gard il offre une différence assez notable dans sa couleur : il devient d'un gris jaunâtre, surtout aux environs de Trèves et de Lanuéjols, ainsi que du côté de Nant (Aveyron). Dans la Lozère, sur le revers du Causse-Méjan, entre Meyrueis et Fraissinet-de-Fourques, et sur le Causse-de-Lacan-de-l'Hospitalet, au-dessus de Montaigu, ce calcaire offre aussi un aspect jaunâtre.

Le calcaire à gryphées atteint dans son plus grand développement une épaisseur au moins de 300 mètres. Cette grande puissance s'observe surtout dans la vallée du Gardon de Mialet et dans celle de la Cèze, où les mon-

tagnes du Fal, de la Sube, du Dourquier et de Banassa
atteignent une hauteur de plus de 500 mètres au-dessus
de la mer et de 300 mètres au-dessus du sol de la vallée
(fig. 4).

Dans ces diverses localités, et principalement aux environs de Sumène, Monoblet, Durfort, Mialet et Saint-Ambroix, le lias paraît former un étage indépendant ; il y
constitue, en effet, des surfaces très-étendues et très-
élevées, qui ne sont recouvertes par aucune autre formation.

Les filons de plomb argentifère de Saint-Sauveur-des-
Pourcils, arrondissement du Vigan, sont situés en partie
dans le calcaire du lias ; au quartier de Terre-Rouge, on
trouve, au contact d'un de ces filons, des Bélemnites dont
la substance calcaire a été complètement remplacée par
du quartz hyalin et par du plomb sulfuré.

Enfin, c'est dans ce même étage que se trouve situé
le filon de calamine de la Croix-de-Pallières, près d'Anduze, qui fait dans ce moment l'objet d'une demande en
concession.

On trouve assez souvent, dans le calcaire à gryphées,
des nodules de silex ; ils y sont quelquefois si abondants
que les couches paraissent en être entièrement formées.
Le lias présente alors un faciès tout à fait particulier : ces
silex, en se décomposant, lui donnent un aspect rougeâtre
ainsi qu'à la terre végétale qui le recouvre ; on le reconnaît
de loin à sa couleur rubigineuse et à la végétation, qui
ne consiste qu'en châtaigniers. Lorsque le calcaire à gryphées présente cet aspect particulier, il faut prendre garde
de le confondre avec les calcaires silicifères de l'oolite infé-

que les calcaires du trias contiennent plus ou moins abondamment des grains de quartz, lorsqu'ils sont dans le voisinage des couches de grès.

Les *grès* sont essentiellement quartzeux, avec feldspath décomposé plus ou moins abondant, à ciment calcaire ou argileux ; ils sont blancs, jaunâtres ou rougeâtres, à grains plus ou moins fins, et on y distingue souvent des fragments de marne rougeâtre ou verdâtre. Ces petits points marneux venant à être détruits sur les surfaces exposées aux agents atmosphériques, il en résulte pour ces grès l'aspect carié qu'on y observe assez souvent.

Les *sables* sont quartzeux, jaunâtres, à grains fins, en général argileux, et contiennent souvent de très-petites paillettes de mica blanc (Saint-Jean-du-Gard, Castellas près Bessèges, etc.).

Les *marnes*, associées au trias, sont en général argileuses, peu effervescentes, peu schisteuses, et se brisent en petits fragments anguleux ; elles offrent des nuances en général vives et variées, qui se rapportent au jaune, au violet, au vert et au rouge lie de vin.

Nous ferons remarquer qu'il est assez difficile d'établir dans ce terrain de bonnes coupes naturelles, attendu que les diverses assises qui le constituent acquièrent, suivant les diverses localités, des développements très-différents, et que de plus, dans certains points, quelques-unes de ces assises viennent même à être complètement supprimées. Cependant on peut établir, en règle générale, que la base de ce système est presque toujours formée par le conglomérat granitique, surtout lorsque celui-ci repose sur le granit ; que le poudingue quartzeux lui succède ; que celui-ci est en général surmonté par quelques assises de grès ou de sables, à grains moyens très-quartzeux et feldspathiques; que les dolomies et les calcaires viennent ensuite, occupant la partie moyenne du dépôt, et qu'au-dessus on trouve généralement une alternance de marnes, de sables et de grès; et qu'enfin cette série de couches est terminée, dans quelques points seulement, par des schistes gris, très-fins, micacés et très-onctueux (Anduze).

Les fossiles sont très-rares dans ce terrain, car, malgré des recherches minutieuses, je n'y ai trouvé jusqu'à présent que quelques débris de tiges végétales, indétermi-nables à cause de leur peu de conservation, et quelques impressions de petites bivalves, très-mal caractérisées (les Vans). Quant aux calcaires, ils ne nous ont jamais présenté la plus petite trace de débris organiques.

A un quart de lieue du Pompidou (Lozère), sur le versant oriental du Causse-de-Lacan-de-l'Hospitalet, ce terrain renferme une couche de lignite d'environ $0^m,30$ d'épaisseur, intercalée entre deux couches de grès. Ce charbon présente une texture ligneuse; il est compacte et très-luisant comme le jayet. C'est le seul point des Cévennes où je connaisse, dans le trias, des traces de combustible.

Ce terrain renferme très-souvent, dans la partie moyenne, des amas de gypse plus ou moins puissants; il est inter-calé quelquefois entre deux bancs de calcaire, d'autres fois il est contenu entre des couches de marnes ou de grès. Ce gypse est grisâtre, presque toujours argileux et d'une appa-rence terreuse, avec des veines de gypse blanc fibreux; quelquefois, comme à Paliès (commune de Monoblet), il se présente à l'état saccharoïde, étant alors d'une couleur blanchâtre ou rosée. Il contient fréquemment de

exploitables. Cette assise calcaire est terminée par des assises calcaires contenant de nombreuses possidonies.

On y trouve encore des masses arrondies (*septaria*) de
calcaire marno-compacte, qui contiennent souvent, dans
l'intérieur, des Ammonites ou des Bélemnites. Ces rognons,
exposés à l'air, perdent peu à peu leur couleur noire qu'ils
doivent au bitume ; de sorte qu'ils sont alors, à leur surface, d'un gris jaunâtre. Quelques-uns d'entre eux contiennent, en mélange intime, une assez forte proportion
de carbonate de fer ; ils ressemblent au fer carbonaté
lithoïde du terrain houiller, et pourraient être exploités
comme minerais de fer s'ils étaient assez abondants (la
Vigne, près Saint-Sébastien, Bariel, Vals, près Anduze, etc.).

Les marnes de l'assise supérieure sont d'un gris clair,
souvent un peu jaunâtre, friables, et contiennent quelques
couches de calcaire grisâtre plus ou moins schisteux. Ces
strates calcaires deviennent surtout abondantes dans le
haut, et établissent ainsi un passage insensible entre les
marnes du lias et les calcaires de l'oolite inférieure ; aussi
l'on peut dire que dans les Cévennes la liaison des marnes
supra-liasiques avec ce dernier étage est infiniment plus
intime qu'avec celui du calcaire à gryphées, qui dans un
grand nombre de lieux affecte, comme nous l'avons fait
observer précédemment, une allure tout à fait indépen-
dante. Cette séparation distincte des marnes et du calcaire
à gryphées, qui est également très-marquée dans d'autres
parties de la France, notamment en Normandie, motive
la proposition faite par divers géologues, entre autres par
M. Dufrénoy, de séparer les marnes supra-liasiques du
lias proprement dit, et de les ranger dans l'étage inférieur
de la série oolitique ; ce qui aurait le grand avantage de

faire commencer chaque étage du système oolitique par une assise argileuse.

Les marnes du lias sont assez variables dans leur épaisseur ; elles forment dans le département du Gard, entre Sumène et Alais, une bande continue de 28 à 30 kilomètres de longueur, affleurant au-dessous de l'oolite inférieure. Cette bande marneuse, qui ne présente d'abord que quelques mètres de puissance à son extrémité occidentale, atteint dans le vallon de Fressac, près Durfort, son maximum d'épaisseur, qui est de 100 mètres ; à partir de là, elle va de nouveau en s'amincissant jusqu'à Alais, où cet étage se perd près de Saint-Jean-du-Pin et au pied de la montagne de Saint-Germain. De sorte qu'entre Alais et Saint-Ambroix, l'oolite inférieure, ou l'étage oxfordien, repose directement sur le calcaire à gryphées. A l'O. de cette dernière ville, sur la route de Bessèges, on retrouve encore dans le vallat de la Vigne, près Plauzolle, quelques traces de marnes supra-liasiques, et un peu plus au N. elles sont représentées, sur le revers septentrional de la montagne la Sube, près le village de Courry, par une couche calcaire de 1 mètre à $1^m,50$ d'épaisseur, contenant des nodules de fer hydraté et plusieurs fossiles caractéristiques du même étage (fig. 4).

Au N. E. de ce point, sur la route des Vans, près du hameau des Avelas (Ardèche), on rencontre cette même assise, mais beaucoup plus puissante, plus ferrugineuse et contenant un très-grand nombre de fossiles (*Ammonites Walcotii, A. serpentinus*, etc.).

Cette assise serait, comme on le voit, identique avec les gîtes de minerai de fer oolitique de Villebois, de la

Verpillière et du Mont-d'Or, près Lyon, qui occupent la partie supérieure du lias.

Le minerai de fer des Avelas, qui fait dans ce moment l'objet d'une demande en concession, est assez pauvre ; son rendement à la fonte n'est guère que de 10 à 12 p. 100. Ce qu'il y a de remarquable dans cette couche, c'est qu'elle n'est presque pas visible à l'extérieur ; pour y arriver, on a été obligé de foncer un puits dans les marnes oxfordiennes qui recouvrent directement cette assise ferrugineuse.

En descendant dans le creux des Vans, on trouve un banc de 2 mètres d'épaisseur de marne grise, qui appartient au même étage, dans la partie supérieure duquel on observe également quelques nodules ferrugineux, sur une épaisseur de 0^m,20. Cette assise argileuse et ferrugineuse s'étend tout autour du bassin des Vans ; on la suit jusqu'au-delà de Naves, et elle repose sur l'infra-lias.

Vers l'O. du département du Gard, les marnes se montrent de nouveau ; on les observe à Trèves et au hameau de Montjardin, près Lanuéjols. De là on les suit jusqu'à Meyrueis, où elles forment une partie de l'escarpement du Causse-Méjan. Dans l'Aveyron, au-dessus de Saint-Jean-du-Bruel et à Nant, elles acquièrent un assez grand développement.

Les marnes supra-liasiques sont très-fossilifères partout où elles se présentent. On observe que les Ammonites y sont presque toutes passées à l'état de fer hydraté. Voici la liste des principaux débris organiques que nous y avons rencontrés :

Belemnites elongatus (Mill.). (*Pal. fr.*, pl. VIII, fig. 6 — 11.) Fressac.

— *acutus* (Mill.). (*Pal. fr.*, pl. VIII, fig. 8.) Pied-Pounchu près Meyrueis (Lozère), Fressac, Sivelou.

— *exilis* (d'Orb., *Pal. fr.*, pl. XI, fig. 6 — 12). Fressac, Lacanau, Perjuret près Meyrueis (Lozère).

— *Fournelianus* (d'Orb.. *Pal. fr.*, pl. X, fig. 7 — 14). Pied-Pounchu, Fressac.

— *tricanaliculatus* (Hartmann). (d'Orb., *Pal. fr.*, pl. XI, fig. 1 — 5.) Nant (Aveyron).

— *acuarius* (Schl.). (*Pal. fr.*, pl. V.) Valz, près Anduze ; Fressac.

— *irregularis* (Schl.). *Pal. fr.*, pl. IV.) Valz, Fressac.

— *Bruguierianus* (d'Orb., pl. VII, fig. 1—5). Fressac, Nant.

— *compressus* (Blainv.). (*Pal. fr.*, pl. 6.) Nant, Pied-Pounchu.

Ammonites bifrons (Brug.) (*Walcotii* Sow.). (*Pal. fr.*, pl. LVI.) Fressac, Lacanau, etc.

— *Calypso* (d'Orb., pl. CX, fig. 1 — 3). Fressac, Lacanau.

— *variabilis* (d'Orb., pl. CXIII). Saint-Jean-du-Bruel. Nant, Lacanau.

— *heterophyllus* (Sow.). (*Pal. fr.*, pl. CIX.) Fressac.

— *Raquinianus* (d'Orb., pl. CVI). Fressac, Saint-Jean-du-Bruel, Nant.

— *mucronatus* (d'Orb., pl. CIV, fig. 4 — 8). Fressac, Saint-Jean-du-Bruel, Nant.

— *Tethys* (d'Orb., pl. LIII, fig. 7 — 9). Fressac, Bariel, Lacanau près Anduze.

— *cornucopia* (Young). (*Pal. fr.*, pl. XCIX.) Fressac.

— *fimbriatus* (Sow.). (*Pal. fr.*, pl. XCVIII.) Ribas, près Anduze.

— *serpentinus* (Schl.). (*Pal. fr.*, pl. LV.) Cruveliers, près Saint-Hippolyte-le-Fort.

— *costatus* (Rein)..... Fressac.

— *sternalis* (de Buch). *Pal. fr.*, pl. CXI.) Fressac, Nant.

— *Desplacii* (d'Orb., pl. CVII). Fressac.

— *margaritatus* (d'Orb., pl. LXVII et LXVIII. Fressac, Durfort.

— *annulatus* (Sow.). (*Pal. fr.*, pl. LXXVI, fig. 1—2). Cruveliers.

— *complanatus* (Brug.). (*Pal. fr.*, pl. CXIV.) Fressac.

Natica (moules). Fressac.

Pleurotomaria. Fressac.

Trochus duplicatus (Sow., pl. CLXXXI, fig. 5). Fressac.

Pecten æquivalvis (Sow., pl. CXXXVI, fig. 1). Trèves, pic de Saint-Loup (Hérault).

Possidonia Bronnii (Gold.). Fressac.

Nucula claviformis (Sow., pl. CCCCLXXVI, fig. 3). Pic de St-Loup,
St-André-de-Buéjes.
— *ovum* (Sow.. pl. CCCCLXXVI, fig. 1—2). St-Loup.

SYSTÈME OOLITIQUE. — Le système oolitique forme
dans les Cévennes trois groupes distincts, que nous rapportons aux groupes *corallien, oxfordien* et à celui de l'*oolite
inférieure.*

Groupe de l'oolite inférieure. (*Inferior oolite des Anglais*).
— Ce groupe correspond évidemment au système désigné
par M. de Bonnard sous le nom de *calcaire à Entroques*
dans sa description géologique de l'Auxois (*Annales des
mines*, tom. X, année 1825), partie de la Bourgogne qui
s'appuie sur les terrains primordiaux du Morvan ; cette
assise paraît correspondre assez exactement, d'après les
observations de M. Élie de Beaumont, à l'*inferior oolite
des Anglais.*

Ce groupe se divise, dans les Cévennes, en deux sous-
groupes particuliers :

(*b*) Le supérieur, auquel nous conserverons le nom con-.
sacré de *calcaire à Entroques*.................
.... Puissance moyenne. 50 m

(*a*) L'inférieur, que nous désignerons sous le nom de *cal-
caires et marnes à Fucoïdes*................
.... Puissance moyenne. 40
                                                    ___
Puissance totale de l'oolite inférieure..... 90

(*a*) *Sous-groupe inférieur* (*Calcaires et marnes à Fucoïdes*). — Au-dessus des marnes supra-liasiques s'élève,
en alternant d'abord avec elles au point de contact, une
série de bancs calcaires de 25 à 30 centimètres d'épaisseur,
parfaitement stratifiés et contenant presque toujours des

nodules de quartz lydien. Ce calcaire est d'un gris plus ou moins foncé, et il est assez facile de le confondre avec le calcaire à gryphées, dont il ne se distingue souvent que par sa position géologique et par les débris organiques qu'il contient.

Ces calcaires alternent quelquefois, comme à Blateiras, près Anduze, aux Mages, à Larnac, à la montée de Saint-Ambroix dite la Vivarèze, et aux environs de Saint-Brès, avec des marnes argileuses grisâtres, schistoïdes et très-friables, renfermant assez ordinairement de très-petites paillettes de mica argentin ; caractère qui les distingue des marnes supra-liasiques.

On observe très-communément, sur la surface des bancs de ce calcaire et quelquefois même entre les feuillets des marnes, des empreintes de Fucoïdes. M. A. Brongniart, à qui nous les avons montrées, pense qu'elles ont quelque analogie avec le *Fucoïdes Huotii* [1].

C'est dans cet étage que se trouvent, aux environs de Trèves, à Saint-Sulpice et au moulin des Gardies, au-dessous de Révens, non loin des limites des départements du Gard et de l'Aveyron, des dépôts de combustible assez considérables pour être exploités avec avantage. D'après M. Dufrénoy, ils paraîtraient à peu près du même âge que ceux de Whitby, dans le Yorkshire, qui se trouvent au milieu des marnes rapportées généralement aux couches supérieures du lias [2]. Ce charbon minéral a la plus grande analogie, par ses caractères extérieurs, avec la véritable houille ; quelquefois même il possède comme elle la pro-

---

[1] *Voyage dans la Russie méridionale*, par M. le comte Demidoff.

[2] *Mém. pour servir à une description géologique de la France*, tom. I, pag. 200.

priété de coller en brûlant et de donner du coke. Ce combustible a été appelé *stipite* par M. Brongniart, parce que les débris de végétaux qui l'accompagnent sont généralement composés de Cycadées.

Les noyaux siliceux qui s'observent dans ce calcaire sont quelquefois si abondants, qu'ils finissent par le remplacer complètement. Près de la Vigne, commune de Saint-Sébastien-d'Aigrefeuille (arrondissement d'Alais), on rencontre surtout de ces bancs à nodules quartzeux dont la croûte jaunâtre est très-légère, nectique et assez semblable au tripoli.

Dans les Cévennes, ce terrain quartzeux est facile à reconnaître de très-loin ; il constitue des collines arides, d'un rouge jaunâtre, dépourvues de pelouse, et qui ne sont couvertes que de quelques rares châtaigniers. Il est surtout très-abondant entre Durfort et Saint-Martin-de-Sossenac, et plus loin à Taupussargues et au Mas du Bos. Il s'observe également au N. d'Anduze, à Montairargues, à Blatiès et à Blateiras. Enfin, près de Saint-Ambroix, au-dessus de Plauzolle, il existe aussi plusieurs montagnes appartenant au même terrain. Il faut prendre garde de confondre cet étage de l'oolite inférieure avec les calcaires à gryphées siliceux, qui vus de loin présentent le même aspect.

Ce sous-groupe n'est pas également développé ; sous le château de Fressac il a environ 30 à 35 mètres de puissance ; à Saint-Brès il atteindrait environ 50 mètres d'épaisseur.

Les débris organiques fossiles ne sont pas très-communs dans ce calcaire ; nous y avons trouvé entre autres une Bélemnite très-remarquable par sa forme, le *Belem-*

nites Blainvillei, qui ne s'observe jamais dans les marnes du lias, et qui apparaît pour la première fois dans cet étage. Cette belle espèce, d'après M. Alcide d'Orbigny, caractérise l'oolite inférieure; elle a été recueillie aux Moûtiers et à Saint-Vigor (Calvados), et à Fontenay (Vendée).

Voici la liste des divers fossiles que nous y avons reconnus :

Belemnites Blainvillei (Volz). (*Pal. fr.*, pl. XII, fig. 9—16.)

Terebratula ornithocephala (Sow., pl. CI, fig. 1, 2, 4,). Le Bos près Anduze, les Vans.

— *oblonga?* (Sow.). (Mém. L. de Buch, pl. XVI, fig. 2.) Le Bos.

— *concinna* (Sow.). Mém. L. de Buch, pl. XIV, fig. 14.) Le Bos.

— *spinosa* (Mém. L. de Buch, pl. XVI, fig. 4). Madières, près le Vigan.

Plagiostome (strié)...... Madières et Cazevieille, près Alzon.

Echinides (des épines)..... Cazevieille.

Encrinites Briareus (Mill.). (Gold., tab. LI, fig. 3.) (Très-rare dans cet étage.)

Fucoïdes....... Fressac, Blateiras, Alzon, etc.

(b) *Sous-groupe supérieur (calcaire à Entroques).* — Au-dessus du sous-groupe précédent s'observent les assises qui paraissent correspondre d'une manière plus particulière au calcaire à Entroques de l'Auxois, et qui sont également remarquables par la grande agglomération de débris de Crinoïdes, qui lui donnent un aspect lamellaire. La couleur la plus habituelle de ce sous-groupe est le gris foncé, passant au rougeâtre et au jaunâtre dans quelques localités. Il a été confondu, jusqu'à ce jour, aux environs d'Alais, avec les calcaires à Encrines, qui forment quelquefois des couches subordonnées dans le calcaire à gryphées; mais nous ferons observer que les espèces d'Encrines qui caractérisent ces deux roches sont bien distinctes. Le calcaire à Entroques est formé, en totalité, par des débris de l'*Encrinites Briareus* (Miller) ; tandis que le calcaire à gryphées ne contient que le *Pentacrinites basaltiformis* (Miller). Les autres débris organiques sont aussi très-communs dans le calcaire à Entroques ; à l'Arbousset, près Anduze, nous y avons recueilli le *Belemnites Blainvillei* à l'état siliceux, de très-petites *Térébratules*, des épines de *Cidarite*, un *Plagiostome* strié et plusieurs petits Polypiers. A Larnac, près Saint-Ambroix, sur le bord de la route, on y trouve le *Belemnites sulcatus* (Miller), et à Blateiras, près Anduze, la *Terebratula tetraedra* et des dents de Squales. Nous n'y avons pas observé d'Ammonites.

Ce calcaire est surtout très-développé à Saint-Brès et au S. de Saint-Ambroix, où il présente une épaisseur d'environ 50 mètres, et où il est exploité comme pierre de taille et comme marbre. Au N. d'Alais, aux mines de Saint-Julien et à la Font-du-Roure, on retrouve encore deux petits lambeaux de ce calcaire.

Calcaire à Entroques dolomitique (Deuxième zone dolomitique). — Mais plus au S., aux portes d'Alais, au pied de la montagne de Saint-Julien, ce calcaire commence à éprouver une modification qui ne permet pas de le reconnaître au premier abord ; il devient dolomitique. Près d'Anduze, à l'Arbousset et aux Màrtines, on peut voir l'endroit où commence la transformation de ce calcaire.

La dolomie provenant de la modification du calcaire à Entroques est bien distincte, quant à ses caractères minéralogiques, de la dolomie infra-liasique ; elle est à gros grains, friable, se désagrége entre les doigts avec facilité, et présente des facettes nacrées et cristallines ; elle est aussi percée d'un grand nombre de petites cavités dans lesquelles on aperçoit quelquefois des cristaux rhomboïdaux. Elle est fétide par la percussion, comme le calcaire à Entroques, et contient souvent des nodules assez gros de chaux carbonatée spathique et des nodules de silex blanchâtres, évidemment altérés. Cette dolomie constitue une épaisseur régulière de 50 mètres, et n'offre aucune trace de stratification. Un échantillon de cette roche, pris à Figaret, près Saint-Hippolyte-le-Fort, a donné à M. Dufrénoy [1] :

Carbonate de chaux......	50,60
Carbonate de magnésie...	47,20
Résidu insoluble........	1,60
Perte et bitume........	0,60
	100,00

Le calcaire à Entroques dolomitique existe surtout dans l'arrondissement du Vigan et dans les parties limitrophes, où il forme un horizon géologique très-remarquable. On le voit couronner constamment le sommet des grands escarpements jurassiques qui s'observent tout autour des terrains anciens des Cévennes, dans les départements du Gard, de la Lozère et de l'Aveyron, et principalement dans les profondes lignes de fracture où coulent l'Hérault, l'Arre, le Trévezel, la Dourbie, la Jonte et l'Aveyron. Dans toutes les localités que nous venons de citer, on observe que cette assise dolomitique est horizontale ou très-peu inclinée, qu'elle est recouverte par les calcaires du groupe oxfordien, et qu'elle repose sur les

[1] *Mém. pour servir à une description géologique de la France*, tom. I pag. 223.

calcaires à Fucoïdes parfaitement normaux, c'est-à-dire nullement altérés ou modifiés.

Cette dolomie présente les mêmes débris organiques que le calcaire à Entroques ; et il n'est pas rare d'en rencontrer faisant saillie sur les parois de cette roche qui ont été longtemps exposées aux influences atmosphériques. Nous signalerons surtout la dolomie des environs de Figaret, près Saint-Hyppolyte-le-Fort, celle du sommet de la montagne de Fressac, comme présentant assez souvent des fossiles, mais en général fort altérés.

D'après ce qui précède, on voit que le calcaire magnésien présente tous les caractères d'une dolomie formée par la voie du métamorphisme ; mais son éloignement de toute masse ignée, et surtout sa position entre des calcaires normaux, nous font penser que la transformation du calcaire à Entroques doit avoir eu lieu d'une tout autre manière qu'on ne l'entend ordinairement. Ce calcaire aurait été métamorphisé dans le fond des mers, au moment même de son dépôt ou pendant qu'il était *à l'état pâteux* ; et cela par l'effet de vapeurs magnésiennes ou de sources chargées de carbonate magnésien, qui se seraient élevées du sein du globe à travers les fissures survenues dans les roches inférieures. Nous étendons cette explication à toutes les assises dolomitiques qu'on trouve intercalées dans le terrain jurassique des Cévennes.

Groupe oxfordien. — Le groupe oolitique inférieur est immédiatement surmonté par des assises d'abord argileuses et ensuite calcaires, qui, par leurs caractères paléontologiques, correspondent évidemment aux marnes de l'*oxford-clay*. D'après cela, l'on voit que le groupe de la grande oolite manque complètement dans la partie de la chaîne des Cévennes qui fait l'objet de cette description.

Le groupe oxfordien s'y divise en quatre sous-groupes ou assises distinctes, qui sont, en commençant par la partie supérieure :

    (4) Bancs calcaires, d'un gris clair, plus ou moins jaunâtre, passant quelquefois à la dolomie. Puissance.   50 m

    (3) Calcaire gris bleuâtre compacte........ Puissance   100

    (2) Calcaire plus ou moins marneux, se divisant en nodules polyédriques irréguliers et alternant avec des marnes grises argileuses........... Puissance.   30

    (1) Marnes grises feuilletées............. Puissance.   40

                  Puissance totale du groupe oxfordien.   220 m

Premier sous-groupe. — Le sous-groupe inférieur se compose de marnes d'un gris cendré, argileuses, feuilletées, se décomposant à l'air, et très-effervescentes avec les acides ; elles reposent immédiatement sur le calcaire à Entroques ou sur les dolomies qui proviennent de sa modification, et quelquefois même sur le lias, quand l'oolite inférieure vient à manquer , et même sur le terrain triasique, comme à Courry et à Pierremorte, près Saint-Ambroix.

Ces marnes ont une épaisseur très-variable, et souvent elles viennent à manquer tout à fait. C'est ainsi qu'à la montagne de la Tessonne, près le Vigan, on observe que les calcaires gris qui composent le troisième sous-groupe oxfordien reposent directement sur la dolomie de l'oolite inférieure; il en est de même sur les causses de Campestre et Bégon, et, dans la Lozère, sur le causse de Méjan et de Lacan-de-l'Hospitalet. Dans la partie occidentale du

département du Gard, les marnes oxfordiennes ne com-
mencent guère à se montrer qu'aux environs de Saint-
Hippolyte-le-Fort, dans le vallon de Valatoujès, où elles
sont exploitées pour faire des tuiles. On les retrouve aussi
entre Anduze et Alais, où elles constituent toute la plaine
de Plos ; à Blatiès, elles forment aussi de beaux escarpements. Mais c'est surtout à la montée de Vinçonnet, près
Saint-Ambroix, dans le vallon de Courry et aux environs
de la ville des Vans, qu'elles acquièrent leur plus grand
développement. Près de cette dernière localité, à Naves,
elles présentent une épaisseur d'environ 40 mètres.

Les débris organiques sont assez communs dans ces
marnes, et les Ammonites qu'on observe dans la partie
inférieure sont presque toujours passées à l'état de fer
hydraté ; nous y avons recueilli les fossiles suivants :

Belemnites hastatus (Blainv.). (*Pal. fr.*, pl, XVIII et XIX.) Naves (Ar-
dèche).
— *Sauvanausus* (d'Orb., *Pal. fr.*, pl. XXI, fig. 1—10). Naves, Courry.
Ammonites cristatus (Defr.). (Sow., pl. CCCCXXI, fig. 3.) Naves.
— *interruptus* (Schl.). Naves.
— quatre ou cinq petites espèces indéterminées. Naves.
Toxoceras ou *Hamites* (des fragments). Naves.
Apiocrinites rotundus (Miller). Valatoujès, Naves.

Deuxième sous-groupe. — Ce sous-groupe est formé de
marnes argileuses, grises, schistoïdes, alternant avec des
calcaires marneux, gris, peu solides, d'un aspect terreux,
se délitant à l'air et se divisant en boules ou nodules po-
lyédriques irréguliers. Ce sous-groupe, dont l'épaisseur
moyenne est de 25 à 30 mètres, sert pour ainsi dire de
passage ou d'intermédiaire entre les marnes et le sous-
groupe suivant.

Il est surtout bien caractérisé dans le vallon de Valatoujès, près Saint-Hippolyte-le-Fort, à Cazalet, près Durfort, aux Martines, près Anduze, et à Naves, près les Vans. Au N.-E. de cette ville, le sommet de la butte des Assions appartient notamment à cet étage.

Il est excessivement riche en débris organiques; on y trouve :

Belemnites hastatus (Blainv.). (*Pal. fr.*, pl. XVIII et XIX.) Cazalet, Pierremorte, Naves, etc.
— *Sauvanausus* (d'Orb., pl. XXI, fig. 1—10). Cazalet.
— *Coquandus* (d'Orb., pl. XXI, fig. 11—18). Cazalet.
Nautilus aganiticus (Schl.). Pic de St-Loup (Hérault).
Ammonites canaliculatus (Munst.). Pierremorte, Cazalet, Naves.
— *cristatus* (Defr.). (Sow., pl. CCCCXXI, fig. 3.) Naves.
— *cordatus* (Sow., pl. XVII). Cazalet.
— *quadratus* (Sow., pl. XVII, fig. 3). Cazalet.
— *perarmatus* (Sow., pl. CCCLII). Cazalet, Naves.
— *biplex* (Sow., pl. CCXCIII, fig. 1—2). Cazalet, les Martines, Pierremorte, Naves, etc.
— *Harvey* (Sow., pl. CXCV.) Cazalet.
— *tortisulcatus* d'Orb., par erreur, *Ter. crét.*, pl. LI, fig. 4—6), Cazalet, Pierremorte, Naves, etc.
Scaphite, nouvelle espèce. Les Martines, pic de St-Loup.
Aptychus, de la famille des *cornei*, *imbricati* et *cellulosi* (Coquand) Cazalet, pic de St-Loup.
Ryncolithes........ Pic de St-Loup.

Mines de fer de Pierremorte. — C'est dans ce sous-groupe que sont intercalées les couches de fer oxydé rouge de Pierremorte et de la Coste-de-Comeiras, dans l'arrondissement d'Alais. Nous ferons remarquer que, bien que ce fait soit local et de peu d'étendue, il n'en constitue pas moins un accident très-remarquable au milieu du groupe oxfordien, à cause de l'identité de position qui existe entre ce minerai et ceux de la Voulte, de Privas, de Saint-Rambert en Bugey, ou du Mont-du-Chat, que plusieurs géologues s'accordent à considérer comme un équivalent du *kelloway*. C'est encore dans la même position géologique que se retrouve le minerai d'Ardon, dans les Alpes du Valais, que M. Berthier a fait connaître sous le nom de *chamoisite*, et qui présente la singulière combinaison de silice, d'alumine et de fer.

M. Fournet a décrit, le premier, ce gîte comme oxfordien, pendant que nous arrivions au même résultat pour celui de Pierremorte, qui était considéré avant nous comme liasique.

A Pierremorte, on observe deux couches de minerai: la supérieure a une puissance de $0^m,80$, et l'inférieure de 2 mètres; elles ne sont séparées que par une épaisseur de 4 à 5 mètres de calcaire plus ou moins argileux. La couche inférieure est la seule exploitée ; elle sert, conjointement avec le minerai triasique du Travers et de la Côte-de-Long, à alimenter les fonderies de Bessèges; le centre de cette couche est composé de peroxyde de fer agatisé rouge, dont l'épaisseur est de $0^m,50$; au-dessus et au-dessous, le minerai devient schisteux et se fond peu à peu dans la masse encaissante, de manière à ne plus présenter que des calcaires et des schistes colorés, ou simplement maculés par l'oxyde de fer. MM. Delvaux et Wellekens, membres de la Société des sciences naturelles de Liége, ont trouvé ce minerai composé de la manière suivante:

Peroxyde de fer	88,57
Silice	7,28
Alumine	2,18
Eau	1,28
Potasse	0,61
Traces de manganèse	0,08
	100,00

Si l'on en juge d'après les affleurements, le gisement de Pierremorte paraît s'affaiblir rapidement vers l'E., où il se termine en forme de coin; de telle sorte qu'il y a apparence que ce dépôt, pris dans son ensemble, doit former un amas lenticulaire au milieu des assises du groupe que nous décrivons (fig. 4).

Aussi, loin de voir dans ce dépôt ferrugineux une formation effectuée par une voie purement neptunienne, adoptant les idées théoriques de M. Fournet sur les minerais de l'Ardèche [1], nous conclurons de la répétition constante de ces minerais à une hauteur donnée et sur des points très-éloignés les uns des autres, qu'il a dû surgir, pendant la période oxfordienne, des sources et des vapeurs minérales dont les produits se déposaient autour de leur orifice sans interrompre la marche de la sédimentation générale, et dont la concentration s'affaiblissait à mesure qu'elles s'étalaient sur de plus grandes surfaces, où qu'elles se mélangeaient davantage avec les eaux marines.

Mines de fer de Saint-Julien de-Valgalgues. — Nous dirons ici un mot du minerai de fer hydraté de Saint-Julien-de-Valgalgues, près d'Alais, afin de faire connaître la différence qui existe entre ce gisement et celui que nous venons de décrire. Ce gîte consiste en un immense dyke formant une montagne assez élevée; au N.-O., on observe qu'il est en contact avec le calcaire à gryphées et semble au premier abord contemporain de ce terrain; mais, au S.-E., on voit qu'il a aussi relevé les couches

---

[1] *Études sur les minerais de fer de l'Ardèche. — Annales de la Soc. d'agriculture et d'hist. natur. de Lyon.* 1843.

oxfordiennes et qu'il a aussi injecté les marnes de cet étage. Près de l'ancienne usine de couperose il existe une galerie ouverte dans les marnes mêmes de l'oxford-clay, d'où l'on extrayait le sulfure de fer. Près du Mas de la Roque on rencontre également un lambeau de calcaire à Entroques, qui est encore pénétré de petits filons de fer hydraté.

Il nous paraît donc évident que l'apparition de cet immense dyke doit être placée vers la fin de la période jurassique, et qu'elle coïncide probablement avec l'époque du soulèvement de la chaîne des Cévennes. Nous ajouterons que ce filon nous paraît aussi avoir été injecté en grande partie à l'état de fer sulfuré, et sa surface seule avoir passé à l'état d'hydrate par l'effet d'une épigénie postérieure à son apparition.

Troisième sous-groupe. — Ce sous-groupe est formé d'un calcaire compacte d'un gris bleuâtre, à cassure conchoïdale, et d'une pâte extrêmement fine. Il forme des bancs très-réguliers, variant de 0^m,30 à 0^m,50 d'épaisseur, et très-nettement stratifiés. Lorsque ces bancs forment des escarpements, ils imitent assez bien, par leur régularité, un ouvrage de maçonnerie ou de grandes marches d'escalier. Cet étage se confond, dans le bas, avec le précédent. Sa puissance moyenne peut être évaluée à 100 mètres. Nous citerons comme un bel exemple de cet étage l'escarpement des rochers de Pierremale et de Saint-Julien, au milieu desquels la ville d'Anduze est bâtie, et qui offrent des plissements et des contournements si remarquables dans leur stratification.

Dans l'E. du département, près le Vigan, ainsi que

nous l'avons fait observer précédemment, sur les causses de Montdardier, Rogues, Campestre, et sur le causse Noir, cet étage repose directement sur les dolomies de l'oolite inférieure, les deux sous-groupes inférieurs venant à manquer; il en est de même dans la Lozère, sur les causses de Méjan et de Lacan-de-l'Hospitalet.

La pierre qui compose cet étage résiste à l'air, et, bien qu'elle soit très-vive, se cassant avec facilité, elle est cependant susceptible de fournir de bons matériaux pour les constructions; on l'exploite pour cet usage à la Madeleine, près d'Anduze, à Ganges, à la montagne de l'Ermitage et à Savagnac, près Alais. Elle donne toujours une chaux excessivement grasse. Sur le causse de Montdardier ce calcaire se divise en dalles assez grandes, dont les habitants se servent pour recouvrir et pour paver leurs maisons. Ce calcaire fournit aussi, dans le même endroit, les belles pierres lithographiques qui, depuis quelques années, sont exploitées avec beaucoup d'avantages à la Falguière, à Naves et au Pouget. Cette pierre a le grain plus serré que celles d'Allemagne, absorbe moins d'eau et résiste facilement à l'acidulation, ce qui facilite beaucoup le tirage. Cette découverte a doté la France d'un produit qui acquiert chaque année un accroissement considérable.

.Les débris organiques sont beaucoup plus rares dans ces calcaires que dans les sous-groupes précédents; j'y ai cependant trouvé le *Belemnites hastatus* (Blainv.), l'*Ammonites biplex* (Sow.), *polygyratus* (Rein.), *polyplocus* (Rein.), *canaliculatus* (Munst.) et *tortisulcatus* (d'Orb.); la *Terebratula biplicata* (L. de Buch), et des *Aptychus* de la famille des *cornei* et *cellulosi* (Coquand).

Quatrième sous-groupe. — Aux bancs calcaires, bleus, minces, qui précèdent, succèdent assez brusquement de puissantes assises d'un calcaire compacte, généralement gris, clair, plus ou moins jaunâtre, et qui est entièrement dépourvu de débris organiques fossiles.

Toutefois, nous ferons remarquer que cette dernière assise du terrain oxfordien des Cévennes pourrait bien appartenir au *coral-rag*, qu'elle supporte dans quelques points, et auquel elle se lie d'une manière intime; mais, nous avons cru devoir la rattacher au groupe oxfordien, par suite de l'absence de tous débris organiques, et surtout par la difficulté que nous aurions éprouvée à tracer sur la Carte géologique du Gard une limite bien précise entre cette assise et les calcaires bleus qui la supportent et auxquels elle se lie souvent par une transition insensible.

Ce sous-groupe s'observe sur un grand nombre de points des basses Cévennes, couronnant presque toutes les sommités oxfordiennes. Dans l'arrondissement du Vigan, nous citerons, comme exemples de lieux où on peut l'observer, le point le plus élevé du causse de Tessonne, dit le Serre-de-Falguière, le sommet de la montagne du Cengle, près Saint-Hippolyte-le-Fort, et la crête de rochers qui s'étend de là jusqu'à Sumène; il forme aussi le sommet de la montagne de Coutach, près Sauve, et la partie supérieure de la montagne de Pierremale à Anduze. Au pied de la montagne de l'Ermitage, près d'Alais, on l'exploite au bout du pont du Marché pour faire de la chaux. Dans le département de l'Hérault, cette assise se trouve aussi très développée à la partie moyenne de la montagne de la Sérane. On la retrouve aussi, en descendant de Saint-

Martin-de-Londres au Frouzet; elle est recouverte dans ces deux localités par le coral-rag.

La puissance de cette assise est assez variable; elle atteint jusqu'à 50 mètres d'épaisseur.

Près de Bérias (Ardèche), les calcaires du bois de Païolive, qui s'étendent jusqu'à Saint-Alban et au-delà de Ruoms, appartiennent aussi à cet étage; ils présentent la particularité remarquable d'être coupés par de grandes fissures verticales qui les divisent en grandes masses cubiques irrégulières, circonstance qui donne aux roches oxfordiennes de cette contrée un aspect si pittoresque et si varié.

Ces fissures ou lignes de retrait sont de deux sortes : les premières courent du N. au S.., en déviant de quelques degrés à l'E. ; ce sont les plus régulières ; elles présentent une largeur moyenne de 4 mètres environ. Les secondes coupent les premières dans la direction du S. E. au N. O.; elles sont à peu près de la même largeur que les précédentes, mais offrent en général moins de régularité.

Cette disposition s'observe encore dans beaucoup d'autres localités, mais d'une manière moins remarquable.

Dolomie oxfordienne. Troisième zone dolomitique. — Le calcaire qui constitue cet étage est souvent magnésien. Cette dolomie est d'un blanc jaunâtre assez compacte et à grains fins et serrés ; on n'y aperçoit aucune trace de stratification. Elle constitue des massifs isolés, couronnant souvent de la manière la plus pittoresque les montagnes oxfordiennes. Sur les causses de Campestre, Blandas et Montardier, près le Vigan, on en trouve de fréquents exemples; nous citerons entre autres, comme type de dolomie oxfordienne, les crêtes de rochers découpés d'une manière si bizarre du pic d'Angeau, de la Maline et de la Tude.

Groupe corallien. — L'assise de calcaire que nous venons de décrire comme terminant la partie supérieure du groupe oxfordien est recouverte à son tour, dans quelques points seulement, par une puissante assise d'un calcaire que nous rapportons au coral-rag, à cause de ses caractères minéralogiques et paléontologiques. Ce calcaire, en effet, est d'un blanc légèrement jaunâtre, compacte, et présente aussi assez souvent un aspect crétacé ; il contient quelquefois une infinité de petites parties brillantes et spathiques dues à des débris organiques, et qui lui donnent alors un aspect cristallin. Il forme des couches puissantes et en général confusément stratifiées.

Près de Ganges, à la montagne de la Séranne, cet étage peut être évalué au moins à 150 mètres d'épaisseur, et il ne nous a été possible d'y établir, malgré cette grande puissance, aucune subdivision.

Ce calcaire se lie d'une manière intime, par une dégradation de couleur, au calcaire gris clair, qui forme notre quatrième sous-groupe oxfordien, de sorte que le point de séparation entre ces deux groupes est quelquefois assez difficile à établir.

Les débris organiques qu'on y rencontre, quoique nombreux, sont cependant difficiles à obtenir intacts, à cause de leur connexion intime avec la roche. Mais c'est surtout à la surface des couches et sur les parties qui ont été longtemps exposées aux influences atmosphériques, que les fossiles sont à nu et parfaitement dégagés, parce qu'ils ont résisté à la décomposition plus facilement que la roche qui les enveloppe. Ce calcaire prend accidentellement une structure oolitique entre Saint-Maurice et la Vacquerie ; il contient aussi des couches subordonnées de dolomie jaune. Il est surtout caractérisé par la présence d'un grand nombre de Polypiers appartenant aux genres *Astrea, Siphonia, Cyathophyllum* et *Columnaria*. Les Dicérates caractérisent aussi ce groupe d'une manière intime ; elles y sont assez abondantes sur la montagne de la Séranne et de Saint-Martin-de-Londres ; mais on ne distingue le plus souvent cette coquille que par les fragments de test contournés, empâtés dans le calcaire. Ces Dicérates sont en général beaucoup plus petites et diffèrent d'une manière notable des coquilles voisines de ce genre qu'on trouve dans l'étage supérieur de la formation néocomienne, et qui ont reçu de Goldfuss le nom de *Chama ammonia*, et de M. Alcide d'Orbigny celui de *Caprotina*. Elles nous ont paru se rapporter au *Diceras arietina* de Lamarck.

Le groupe du coral-rag offre en résumé les fossiles suivants :

Diceras arietina (Lamk.). Montagne de la Séranne.
Terebratula lacunosa? (Schl.). Séranne.
Pecten. Séranne.
Plicatule. Séranne.
Lima. Séranne.
Nerinea Séranne.
Apiocrinites rotundus (Miller). Séranne.
Cidarite (des épines). Séranne.
Columnaria sulcata (Gold., Tab. XXIV, fig. 9, *a, b, c*). Ferrières.
Siphonia (Gold.). Séranne.
Astrea. Séranne.
Cyathophyllum. Séranne.

Les calcaires coralliens ne se rencontrent pas sur le territoire du département du Gard, mais ils recouvrent, au S. de l'arrondissement du Vigan, dans l'Hérault, une étendue de terrain assez considérable. La partie supérieure de la chaîne de montagnes de la Séranne appartient à cet étage, ainsi que le massif moins élevé, mais parallèle à cette même chaîne, qui commence à Pompignan et s'étend, dans la direction de la rivière de l'Hérault, jusqu'au delà de Saint-Martin-de-Londres.

Ici se termine, dans les Cévennes, la série oolitique, et nous n'avons rencontré, au-dessus du coral-rag, aucune assise qu'on puisse assimiler aux groupes kimméridien et portlandien. De plus, on observe que les couches oxfordiennes et coralliennes, lorsqu'elles sont en contact avec celles de la formation néocomienne, ce qui arrive dans un grand nombre de points, sont toujours recouvertes par ce dernier terrain en stratification très-discordante ; circonstance qui ne permet pas d'établir le moindre rapprochement entre la base de cette formation et le terrain jurassique, comme quelques géologues du Midi ont cherché à le faire.

Nous terminerons ici cette description de la région supérieure ou cévennique du Gard, nous réservant de faire connaître à la Société géologique les divers terrains qui constituent la région moyenne et inférieure de cette contrée, lorsque nous aurons complété l'ensemble des explorations relatives au tracé géologique de la Carte du département.

APPENDICE

Présentant la série des terrains des régions moyenne
et inférieure du département du Gard,
dressé d'après le texte explicatif de la Carte Géologique.

TERRAIN CRÉTACÉ.

Système Néocomien.

1. Étage inférieur ; infra-néocomien à *Terebratula diphyoïdes*.
   *Ammonites semisulcatus, Berriasensis…. Belemnites conicus,
   bicanaliculatus, Terebratula diphyoïdes, moutoniana.*
   > Pompignan, Durfort, Mazelet, Rousson, environs de Mons
   > près Alais……

2. Étage des marnes bleues ou zone des Bélemnites plates.
   *Ammonites grasianus, cryptoceras…. Belemnites dilatatus,
   platyurus, pistilliformis……*
   > Pompignan, Moulezan, Crau de la Vannège….

3. Étage du calcaire bleu et jaune à spatangoïdes ; zone à
   Toxaster complanatus.
   *Ammonites asper, asterianus,.. Belemnites pistilliformis,…
   Nautilus neocomiensis,…. Nisea,…. Ostrea couloni,….
   Toxaster complanatus….*
   > Pompignan, Roque d'Aubais, mas de Serre et Christin près
   > Sommières, Calvisson, Fonsanche, Nimes, Quissac,
   > Rousson……

4. Étage supérieur ou à *Requienia* (Urgonien d'Orbigny).
   *Requienia ammonia, Lonsdalii, trilobata,…. Nerinea gigan-
   tea, Cidaris clunifera……*
   > Serre du Bouquet (revers occidental), bois des Lens, bois de
   > la Verdière près Saint-André-de-Roquepertuis, bois de la
   > Ville près Saint-Ambroix, Concluses près Lussan,…

Système du Grès vert.

1. Étage des argiles à plicatules et à *Ostrea aquila* (étage Aptien d'Orb.).

Sous-étage inférieur A, calcaire.

Plicatula radiola, *Ostrea aquila* très-abondante, plus rare dans le sous-étage supérieur.

Vallée de la Tave, rivière de la Seyne, la Bruguière, Fontarèche, Saint-Laurent-la-Vernède, la Bastide d'Engras, Saint-Christol de Rhodières.

Sous-étage supérieur B, argile bleuâtre.

Accompagne toujours le sous-étage inférieur auquel il se lie intimement.

Ammonites Martini, nisus, Emerici,.... *Belemnites semi-canaliculatus*....

2. Gault inférieur ou étage du calcaire à *Orbitolina lenticulata* (d'Orb.), et à *Galerites decorata*.

Calcaire d'un gris jaunâtre.

Se retrouve constamment au-dessus de l'étage Aptien.

Bassin de la Cèze et de la Tave, environs d'Uzès, la Beaume, Vallabrix, mas Molène......

3. Gault proprement dit; étage Albien (d'Orb.).

Sous-étage inférieur : grès sableux et sans consistance ; sans débris organiques.

Sous-étage supérieur, vrai gault fossilifère, grès à gros grains siliceux.

Ammonites mayorianus, latidorsatus,.... *Hamites rotundus*, *Turrilites Bergeri*....

Canton du Saint-Esprit, communes de Carsan, de Saint-Julien de Peyrolas, Salezac, Saint-Laurent de Carnols.....

4. Grès et Calcaires à *Orbitolina concava*, *Cardium hillanum*, *Turrilites costatus*, *Trigonia sulcataria*, *dædalea*....

Craie chloritée proprement dite ou Cenomanien (d'Orb.).

Cavillargues, Connaux, lit de la Seyne, Le Pin, Pradou...

5. Étage des sables et grès ferrugineux lustrés, Tavien (Nobis); Cenomanien *pars* (d'Orb.).

N'a pas présenté de débris organiques.

> Vallée de la Tave, châteaux de la Bastide, de Pougnadoresse, de Tresque, du mas Molène....

). Étage des calcaires et sables à lignite, Pauletien (Nobis).

> *Ampullaria Faujassi, Turritella renauxiana, coquandiana, Cyrene globosa....*
>> Connaux, Gaujac, Le Pin, Saint-Paulet, Pougnadoresse....

'. Étage des calcaires à *Ostrea columba*, Turonien (d'Orb.).
Sous-étage inférieur, calcaire gris.

> *Ostrea flabella, Hemiaster Fourneli, Ostrea columba...*
>> Citadelle du Pont-Saint-Esprit, Valescure près Chusclan....

Sous-étage supérieur, calcaire jaune, Turonien supérieur, ou calcaire d'Uchaux.

> *Turritella Verneuili*, Pyramidelles.
>> Le Perot, commune de Cavillargues, Saint-Laurent....

3. Étage des sables et grès quartzeux à argiles réfractaires et à lignites.

> *Turritella renauxiana, Nerinea Requieniana....*
>> Saint-Victor-les-Oules, Brouzet, Saint-Quentin, Montaren....

9. Étage du calcaire à hippurites et à foraminifères.

> *Hippurites cornuvaccinum, organisans, Radiolites Sauvagesi.....*
>> Baron, Boussargues, Canèque entre Bagnols et Tresque, Aygaliers, Bagnols, Saint-Jean-de-Camp.

TERRAIN TERTIAIRE.

Éocène; Formation lacustre.

1. Étage inférieur lacustre. Calcaires lacustres très-compactes occupant la base de cet étage.

> *Lycnus ellipticus, Cyclostoma heliciformis, Auricula Requienii....*
>> Communes de Baron, d'Aygaliers, de Foissac, au sud du hameau de Bezuc.

— conglomérats, grès et marnes rougeâtres à gypse.

> Plaine de Baron entre Bezuc et le mas Clary, Boudouire, Laval, Palavas....

2. Étage moyen ou calcaire lacustre.

Sous-étage inférieur; *A*, calcaires marneux.

> Salinelles, Aspères, Saint-Hippolyte de Caton, Cornillon, Barjac....

Sous-étage supérieur; *B*, calcaires généralement compactes.

> Montredon, Pondres, Servas, Saint-Jean-de-Marvéjols......

3. Étage supérieur; conglomérat lacustre; molasse lacustre; *Amenla.*

> Poudingues, grès ou molasses et argiles.
>
> *Anoplotherium, Anchiterium, Palæotherium*
>
> Environs d'Anduze, d'Alais, de Saint-Ambroix, bois dit du Noble près Fontanès, Célos, Saint-Jean-de-Marvéjols.....

Miocène; Molasse coquillière.

1. Poudingues et calcaires marneux bleuâtres.

> Vallée du Vidourle, Montpezat. Boisseron....

2. Molasse coquillière ancienne.

> Souvignargues, Pondres, Christin, Junas, Mus, Aujargues...

3. Marnes bleues calcaires ou argileuses.

> Mus, Boisseron, etc....

4. Molasse coquillière supérieure.

> Plateau de Villevieille, Pont-du-Gard, carrières de Griolet.
>
> *Ostrea crassissima*, Clypeastres.

Pliocène; Subapennin.

1. Sables jaunâtres micacés.

Mastodontes, Rhinocéros, *Ostrea undata....*

> Sous-sol de la plaine de la Crau, Aigues-Vives, Mus, plaine du Vistre....

2. Cailloux passant souvent aux poudingues.

> Vauvert, Vergèze, mas d'Andron...

3. Marnes généralement bleuâtres.

> Sous-sol de la plaine de la Crau, Castillon, Theziers, Meyne, Saint-Laurent-des-Arbres. Saint-Geniez-de-Comolas.....

TERRAIN QUATERNAIRE.

Diluvium; Brèches et cavernes ossifères.

Diluvium ou alluvions ancienntes.

> Rhône,.... plaine entre Beaucaire et Nimes, la Crau, le Gardon, la Cèze.

Brèches osseuses.

> Tessonne près le Vigan, Pedemar près Saint-Hippolyte......

Cavernes à ossements.

> Pondres, Souvignargues, Mialet......

TERRAIN MODERNE.

Éboulis. — Alluvions fluviatiles et deltas. — Alluvions marines (dunes et travertins marins méditèrranéens). — Tuf calcaire et stalactites.

> Tuf et grotte de Roquedur, cascade de Piecour, tuf du roc de Puech près Avèze.

Terrain moderne......		Dépôt de travertin.....	Formation de grès coquilliers marins.
		Appareil littoral.......	Sables des dunes (cordon littoral), alluvions fluviatiles et paludéennes.
Terrain quaternaire....		Diluvium alpin.......	Remplissage des cavernes.
Terrain tertiaire......	Pliocène.............	Subapennin..........	Étage des marnes lacustres (étage accidentel). Sables marins supérieurs, brèches et poudingues subordonnés. Marnes bleues.
	Miocène.............	Molasse coquillière.....	Molasse coquillière supérieure. Faluns? Marne bleue. Molasse coquillière ancienne. Poudingue.
	Éocène	Formation lacustre (3 étages).............	Étage du conglomérat ou étage *Alaisien* (nob.). Étage du calcaire lacustre (Montmartre). Étage des grès et marnes rouges à lignite et du calcaire lacustre inférieur (calcaire de Rilly).
Terrain crétacé......	Système du grès vert (9 étages)...............		Étage du calcaire à hippurites. Grès et sables à argiles réfractaires. Calcaire jaune d'Uchaux......} Calcaire gris à *Ostrea columba.*} Calcaire et sables à lignite ou étage charbonneux, ou étage *Pavlétien* (nob.). Grès rouge lustré ferrugineux, étage *Tavien* (nob.). Calcaire et marnes à *Orbitolina concava* (Cénomanien, d'Orbigny). Gault proprement dit (Albien, d'Orbigny). Gault inférieur ou à *Orbitolina lenticulata*. Marnes à plicatules (Aptien, d'Orbigny).
	Système néocomien (4 étages)...............		Étage supérieur ou à *Requienia* (Urgonien, d'Orbigny). Étage du calcaire à céphalopodes et à spatangoïdes. Étage des marnes à bélemnites plates. Étage inférieur infra-néocomien (Valanginien des géologues suisses).
Terrain jurassique.....	Système oolithique.....	Corallien............	Étage des calcaires blonds massifs (passage au corallien).
		Oxfordien (5 étages)....	Étage du calcaire gris massif. Étage du calcaire gris nettement stratifié. Étage de la zone à *Ammonites cordatus*, etc. Étage des marnes grises.
		Oolithe inférieure (étage bajocien, d'Orbigny).	Calcaire à entroques et dolomie de l'oolithe inférieure. Calcaire à fucoïdes.
	Système du lias.......	Lias (5 étages).......	Étage des marnes supra-liasiques (Toarcien, d'Orbigny). Étage du calcaire à gryphées (lias moyen ou à *Gryphæa cymbium*). Lias inférieur ou à *Gryphæa arcuata*. Dolomie infra-liasique. Infra-lias.
Terrain triasique.....	3 étages...........	Marnes irisées ou keuper? Muschelkalk?........ Grès bigarré?........	Étage des marnes rouge violet et grès fins. Étage des calcaires, souvent dolomitiques. Étage des grès à gros éléments.
Terrain houiller (6 étages).............	Système supérieur.....		Étage charbonneux. Étage stérile.
	Système moyen.........		Étage charbonneux. Étage stérile.
	Système inférieur.....		Étage charbonneux. Étage stérile.
Terrain paléozoïque ou de transition........	Silurien inférieur métamorphique (4 étages).....		Étage du calcaire supérieur, souvent dolomitique. Étage du schiste talqueux. Étage du calcaire intercalé dans les schistes. Étage des schistes durs, maclifères, pénétrés le plus souvent de veinules de quartz.

Terrains non stratifiés.

Terrain granitique ou hors série.........	Granite porphyroïde ou d'éruption........		Roches subordonnées au granite porphyroïde, en amas et en filons : Pegmatite. Leptinite. Calcaire éruptif.
			Roches en filon traversant le granite porphyroïde et le terrain silurien : Porphyre. Fraidronite. Filons métallifères.

Notice sur la constitution géologique supérieure
ou l'ouvrage du Département du Gard.
par M. Emilien Dumas.

Échelle des longueurs

Les chiffres indiquent les altitudes, ou hauteurs
au-dessus du niveau de la Mer.

Fig. 1

Montmirols
1822

Montagne
de
Grand Schiste

SUD

N. O.

l'Espérou
Neimgrede
1320

Hort de Dieu
1504

Aignal

Schiste

Calcaire

Calcaire

Tallernague

Calcaire

Niveau de la Mer

NORD

E.

O.

Fig. 3

Route de S.t-Ambroix à Alais

Hauteur de Fontbonne
202

Hauteur de
la terrasse
202

Hautes
Plaines

Fig. 2 : Coupe de la partie méridionale du bassin houiller d'Alais.

Ligne indiquant la haute de la partie élevée

G.d de la
Grand'Côte

533. Plateau de
Champclauson

Etage stérile
inférieur

Etage stérile du Système inf.t de la Trouche

Etage charbonneux du système moyen

N. N. O.

S.

(Conglomérat)

Château de
Trouillas

Montagne de la
Grand Combe

S. E.

Fig. 4

Fig. 5

Niveau de la Mer

N.

Route de Lussette à S.t Ambroix
Vallon

St Hippolyte

Formation
Néocomienne

Terrain
Houiller

Montagnes
calcaires

S. S. E.

Église de Montmiras

Montagnes
calcaires

Plateau de S.t Ambroix à Rochefoge

Calcaire
jurassien

Grès
bigarré

Calcaire
conchylien

Trias

Niveau de la Mer

Paris, Imp. Thunot

Grav. Avr. Avril J.r et Hubert. J.r ; Grq Lesueur

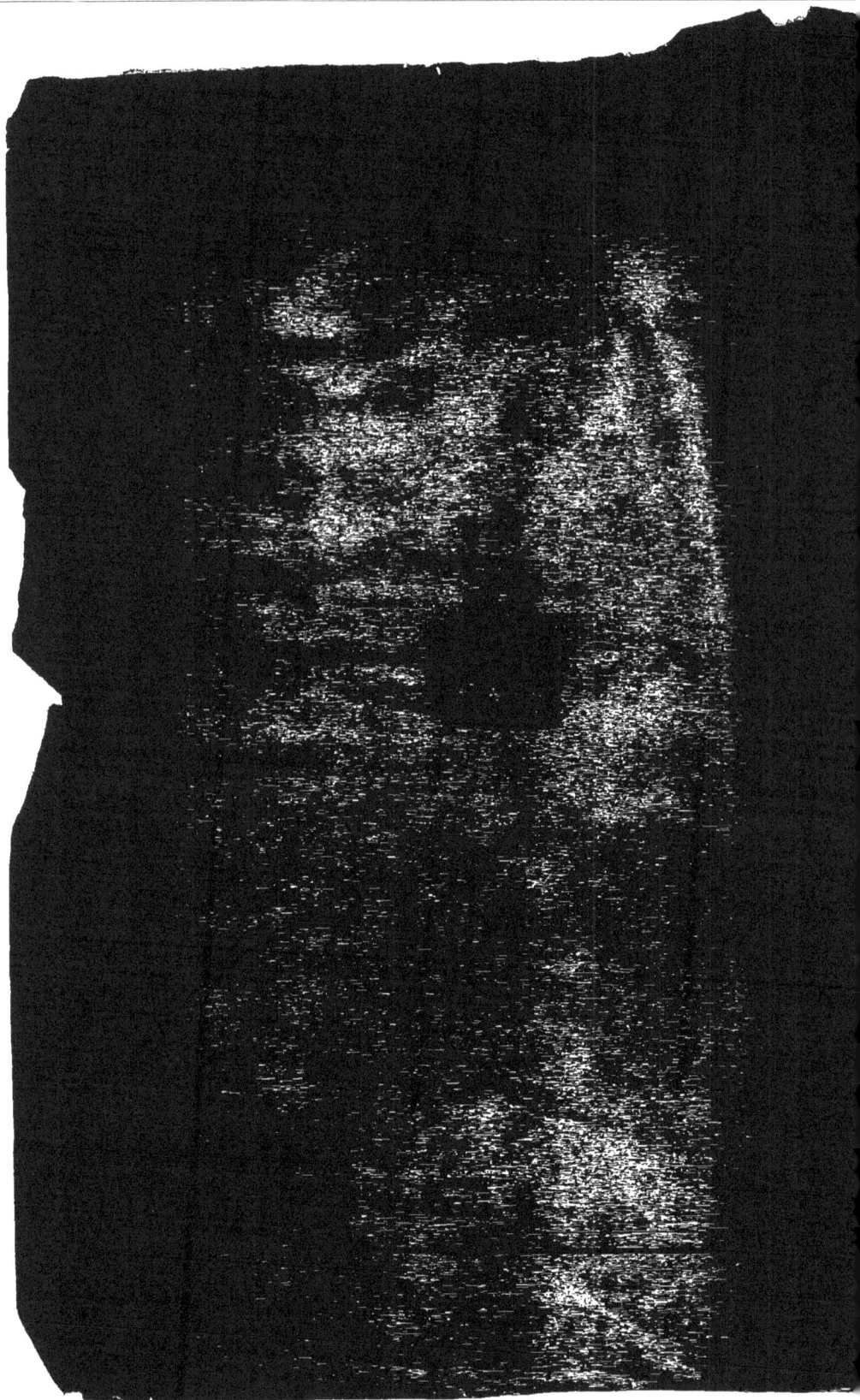

www.ingramcontent.com/pod-product-compliance
Lightning Source LLC
Chambersburg PA
CBHW071525200326
41519CB00019B/6075